「リベラル」の正体

誤りを修正するのは学者の務め

革島 定雄

東京図書出版

「リベラル」の正体◇目次

1 はじめに

われわれはどこから来てどこへいくのか？
私たちは死んだらどうなるのか？
自分はなぜ今ここにいるのか？
人間存在の意味は何か？
パスカルはこういう質問に対する答えを求めて思索を続けた。
一方デカルトはこういった質問に無関心であった。
しかしスピノザやニュートンはこういう質問に対する答えを知っていた。
つまり汎神論である。

結論から言うと、「リベラル」とは「隠れマルクス主義」のことです。つまり、《リベラルとは、「この世界に神はいないし、魂など存在せず死んだら終わり」とする理神論《りしんろん》の立場のことである》ということなのです。この「リベラル」というイデオロギーは「ユダヤ主義者」が広めたもので、その目的はユダヤ教以外の宗教や「神即《すなわち》自然」とする汎神論《はんしんろん》的世界観を否定・破壊し、同時にユダヤ批判を封殺するところにあります。そのやり口は、「神や魂そして死後の世界のような科学的に証明され得ないものは実在しない」とする科学主義の立場（つまり理神論の立場）から、まず汎神論を否定します。そして「ユダヤ教」と「ユダヤ主義」を共に「ジュダイズム（Judaism）」と名づけ、他方で「反ユダヤ主義」を決して「アンチジュダイズム（Antijudaism）」とは呼ばせず、必ず「アンチセミティズム（Antisemitism：反セム主義）」と呼び習わせることによって、すべての「ユダヤ批判」はユダヤ教に対する侮辱であり、またセム族に対する人種差別であるというふうにすり替えてしまうのです。たとえば、「神はユダヤ人だけのものだ」とするような選民思想は差別思想であるとして「ユダヤ主義」を批判すると、ユダヤ主義（ジュダイズム、ユダヤ教）に対する批判はアンチセミティズム（反セム主義）であり人種差別であるとして逆に糾弾されてしまうわけです。このようなやり方で、「リベラル」はポリティカル・コレクトネス（ＰＣ）をふりかざして、「ユダヤ主義」に対する一切の批判や言論を封殺する一方で、他宗教や汎神論の世界観は「非科学的」や「無神論」のラベルを貼って「魔女狩り」のやり方で葬り去ろうとするのです。

イエス・キリストはユダヤ・パリサイ派の利己的で強欲な生き方を批判して愛の教えつまり汎神論の教えを説いたのですが、そのユダヤ・パリサイ派によって磔刑《たっけい》へと追い込まれてしまいました。幸いキリスト教は現在まで存続していますが、キリスト教内部に入り込んだユダヤによってイエスの愛の教えが消し去られユダヤ化してしまったキリスト教会やキリスト教団も少なくないようです。そしてそのユダヤ化した教団や、ユダヤ人が作った「マルクス主義」や「リベラリズム」に気触《かぶ》れた輩《やから》が、ユダヤの手先となって異端審問や魔女狩りのようなやり方で汎神論の芽を摘み取ってきたのです。

2 物理学が示す汎神論の世界

デヴィッド・リンドリー著『量子力学の奇妙なところが思ったほど奇妙でないわけ』から引用します。

ニュートンやデカルトの当時から一九世紀の末にいたるまで、物理学者が築いていたのは、精密さを増していたとはいえ、基本的には力学的《メカニカル》／機械論的な世界観だった。宇宙全体は壮大な時計仕掛と考えられ、この仕掛の精巧なからくりを、科学者はどこまでも詳細に調べることができるという希望をもつことができた。力学法則と重力の法則、熱と光と磁気の法則、気体と液体と固体の法則によって、原理的には物質世界のあらゆる面が、巨大で相互につながった厳密に論理的な機構の一部であることを明かすことができた。物理的な原因はどれも、何らかの予測できる結果を生んだ。観察される結果には、何らかの単一の正確な原因をたどることができた。物理学者の仕事は、この原因と結果のつながりを完璧に細部までたどり、それによって過去を理解できるようにし、未来を予測できるようにすることだった。実験と理論による知識が蓄積されれば、一個の整合的な宇宙の姿が、よりピントの合った、異論の余地のない形で見られるようになるものと考えられた。新しい情報、新しい知見、新しい因果関係の解明はどれも、宇宙という時計仕掛に新たな歯車を加えるのだった。一九世紀末の物理学者が育った伝統はそういうものだった。古典物理学は、宇宙の機械的な精巧な動きを完璧な明確さで描くことを願っていた。現実の宇宙は本当に機械的で、物理学者は自分とは独立して存在する現実を、よりピントの合った形で描いているということ――そうした自明の想定が疑問視されることはまったくなかったのである。

「ニュートンやデカルトの当時から……、基本的には力学的／機械論的《メカニカル》な世界観だった」という表現には、虚偽ないしは誤りが含まれています。デカルトは確かにメカニカルな世界観を主張して、渦動仮説を唱えたのですが、ニュートンはこのデカルトの渦動論の誤りを指摘した上で「われ仮説をつくらず」と述べて、重力は万有引力という瞬時に作用する不思議な遠隔作用であり、何らかの媒体によって伝達されるようなメカニカルな作用ではないと主張したのです。さらにここで、ニュートンもデカルト同様、この世界は因果律が厳密に成り立つ客観的世界であり、したがって法則によって未来は決定されているとみなしていたかのように記されていますが、これも間違っています。ニュートン力学を用いても遠くの星の現在の位置も、運動の方向も、速度も決して正確に測定することはできません。なぜならその星や銀河から届く光や電波は過去に発したものだからです。遠くの星は今見えている場所にはもう無いのです。今見えている太陽も実は8分前の像を見ているに過ぎません。現在見えている遠くの天体の観測データに基づいて、その天体の真の現在の位置さえ正確に知ることはできないわけですから、ましてや未来の状態を予測することなどできません。これがニュートン力学における観測問題です。それにニュートンは「世界は神が統治し給う」と確信していたのであり、「宇宙が機械仕掛で動いている」などとは露ほども思っていなかったのです。同書よりの引用を続けます。

古典物理学の絶頂期には、因果の規則に違反することはできないので、宇宙のすべての物理的事象は、絶対的に、それまでの事象によって予測できるような形で決まっていなければならないように見えた。しかし、そうすると、宇宙にあるすべてのことは初めからどうなるか決まっており、古典物理学の絶対の決定論は、自由意志の可能性を明らかにゼロにすることになる。この難問を解いた人はいなかった。

ニュートン力学が真に示しているのは、この世界が、ラプラスが言うような物質のみからなる機械論的で決定論的な世界などではなく、絶対空間と絶対時間という絶対の背景をもち、すべての物質が重力という遠隔作用で繋がった、決して分けることのできない統一体、意識体であるという事実です。ところがそのような真の世界観である汎神論を否定して、理神論や唯物論を押しつけようとする輩《やから》が、相対性理論や統計熱力学といった似非理論《フェイク》を招き入れることによって、古典物理学体系を機械論的で決定論的なものへと捻じ曲げてしまったのです。その目的は人々に〝汎神論の神〟や〝道徳〟を捨てさせることだったのでしょう。さらに同書より引用を続けます。

古典物理学にとって、決定論と自由意志の間の矛盾が決して解決されないとしても、物理的事象に対する量子的確率という形での決定論の喪失が、矛盾をなくしてくれるわけではない。それはあくまでも、誰も答えを知らない問題である。それが答えが物理の領域にあるような問いであるかどうかさえわからない。量子物理学、古典物理学、神学——いくつかの問いは永遠に解けないように思われる。

ニュートン力学、マクスウェル電磁気学そして量子力学が示しているのは、この世界が絶対的背景を持ち、決して分けることのできない汎神論の世界であるということです。従って矛盾など端《はな》から存在せず、これらの力学はすべて正しくて間違っているのは決定論の方だったのです。引用を続けます。

物理学も、それ以外の科学も、客観的実在への信頼、つまり宇宙がそこに実際にあって、我々はそれを観測しているのだという信頼とともに成長した。物理学がこの哲学を維持できていた間は、それを疑問視する理由はなかった。そしてその信頼が維持される時間が長くなればなるほど、それは物理の根本をなす必須の部分、もしかすると何よりも欠かせない部分でなければならないかのように見えるようになった。

そのときに、量子力学がやって来て、その現実概念を破壊した。実験は量子力学の公理を支持する。何ごとも、それを観測するまでは実在ではなく、別々の観測の集合から実在が実際にはどうなのかを推測しようとすれば、矛盾に陥ることになる。それはまったくできないことなのだ。多くの物理学者にとって、これは科学そのものに対する異端のように思えたが、何十年もたつうちに、新しい認識が出てくる。科学は依然として、量子力学も何も、すべてうまく行っている。基礎は崩れてはおらず、壁も倒れてはいない。

本当に信じている人であれば、そこから気を取り直して、客観的実在性がやはり、量子力学の奥底のどこかにあるに違いないと結論するかもしれない。それはアインシュタインが信じたことであり、ボームが隠れた変数説を立てる動機になったことである。しかし厳密に論理的な観点から考えれば、同様に正当な結論は、量子力学が物理学の根本であるとすれば、そして量子力学が実在について客観的な見方を体現していないとすれば、明らかに、実在についての客観的な見方というのは、物理学を進めて行くのに必須のものではないということである。これがボーアの立場の根幹である。そのコペンハーゲン哲学とは、量子力学を体系的に扱い、同時に「実在」とは何かについて、定かでもなく必要でもない仮定を立てるのは避ける方法のことである。

量子力学によって客観的実在の仮定が成り立たないことが明らかになったということは、すなわち唯物論哲学の破たんを示しています。従って古典物理学からも、相対性理論や統計熱力学といった客観的実在の仮定に基づいた誤った理論をすべて取り除く必要があります。次にリー・スモーリン著『迷走する物理学』から引用します。

相対性理論と量子論という二つの発見は、それぞれ、ニュートン物理学とはきっぱりと手を切ることを求めた。しかし、一世紀にわたる大進歩にもかかわらず、両者は相変わらず未完成である。それぞれが、もっと奥に理論が存在することをうかがわせる欠陥を抱えている。しかしそれぞれが未完成である主な理由は、互いの存在である。

相対性理論と量子論が互いに矛盾することは確かですが、実はニュートン物理学と量子論は矛盾なく共存できるのです。その理由はニュートン物理学と量子論がともに汎神論の世界観に基づいているのに対して、相対性理論は理神論つまり唯物論の世界観に固執した理論であるからです。そして特殊相対性理論が前提にしている相対性原理と光速度不変の原理はこの世界においてで成り立っておらず、したがって特殊相対性理論は完全に誤った理論なのです。続きを引用します。

頭で考えれば、物理学のすべてを統一する第三の理論はぜひとも必要で、その理由も単純である。自然は見るからに「統一」されている。われわれがいる宇宙は相互につながっており、万物が他のものと相互作用している。自然について理論が二つあって、互いとまったく無関係であるかのように、それぞれが扱う現象が別々などということはありえない。究極理論を標榜するのであれば、すべてそろった自然の理論でなければならない。われわれが知っていることすべてを包含していなければならない。

自然は「統一」されているというのはその通りであり、それこそが「この世界が汎神論の世界である」ということなのです。そしてその統一された自然のうちの僅《わず》か5％を占めるに過ぎない通常物質が織りなす自然現象については、ニュートン力学と量子力学によってすべて説明できるのです。ただし、絶対空間と絶対時間という絶対的背景や重力や量子もつれといった遠隔作用が存在する、つまりこの世界が汎神論の世界であることが前提となります。『迷走する物理学』よりさらに引用します。

物理学は、統一理論がなくても、長い間生き延びてきた。その理由は、実験に関するかぎり、世界を二つの領域に分けることができたからである。原子の領域は量子物理学が支配し、たいていは重力を無視してもかまわない。時間と空間は、ニュートンの扱い方と同じように――不動の背景として――扱っていい。他方に重力と宇宙論の領域がある。こちらの世界では、量子的な現象を無視できる場合が多い。

しかし、これは当面の、暫定的な解決策でしかない。その先へ進むことが、理論物理学の第一の未解決問題である。

「その先へ進むこと」が統一理論を手に入れることであるとすれば、その理論は物理学理論ではなく神話となるでしょう。そしてそのような科学的神話ならば、ビッグバン宇宙論、双子の宇宙論そしてビッグバウンス宇宙論などとしてすでにできあがっています。同書よりの引用を続けます。

> 実在が、観察するわれわれの存在に依存するなどということは、ありえない。地球外生命による文明の可能性を立てたところで、観測者がいないという問題は解決できない。この宇宙ができてはいても、そこに整った知的生命が存在できないほど熱くて密度が高い時期があったからである。

量子力学が「実在が、観察するわれわれの存在に依存する」ことを示しているのですから、理神論者はこの事態、すなわちこの世界が汎神論の世界であるという事実を受け入れなければなりません。つまりこの究極の観測問題を解決する唯一の道は、スピノザがそう見なしたように、この宇宙が自己原因として現れた実体すなわち神であるとみなす以外にはないのです。同書よりさらに引用します。

> 実在論とは要するに、実在の世界《リアル・ワールド・アウト・ゼア》がそこにあって、その、「そこにある実在の世界」（私の

最初の哲学の先生は、ＲＷＯＴと書いていた）は、われわれとは別個に存在しなければならないとする見方のことである。そうであれば、科学が実在を記述するときに使われる項目には、われわれが何を測定し、何を測定しないか、その選択を必須のものとして含むことはありえない。

量子力学が正しいとしたら（実際それは正しいのですが）、客観的実在などそもそも存在しないのです。次にエルヴィン・シュレーディンガー著『シュレーディンガー　わが世界観【自伝】』よりまず巻頭に置かれたパヴィア大学教授ブルーノ・ベルトッティによる「本書によせて」から引用します。

ショーペンハウエルの哲学によれば、われわれに現前している世界は、個々人の心のなかの心象なのである。ところが個々別々の心象が、実際は互いに類似した関係にあるということを認めるやいなや、問題が生じてくる。この類似の関係は、科学的な知識として、考察の対象となる。しかしシュレーディンガーによれば、それは合理的に理由づけられるものではなく、全体論的な観点によって理解し受けとめられるべきものである。すなわち個々の心的な世界は、すべてを包含する普遍的な一つの心から、それぞれ個別に現れたのだという理解である。もとよりこのような考えは、ヴェーダンタ哲学およびこれに関係した古代インド哲学の、中心的な教義をなすものである。

次に同書の本文つまりシュレーディンガー本人の記述部分より引用します。

［西洋人である］私の読者のほとんどは――ショーペンハウエルとウパニシャッド哲学がすでに説いているにもかかわらず、また――本章で述べられたことを、好ましい妥当な隠喩としてはおそらく認めはしようが、すべての意識は本来一つだという命題を、文字通り認めることには賛成されないであろう。

（中略）

スピノーザによれば、人間の肉体は、「それが［神の］延長という属性によって表現される限りにおいては、無限実体（神）の一つの様態的変状」である。人間の精神もまた、思惟という属性によって表現されるものであり、同様に神の様態的変状である。スピノーザの言にしたがえば、すべての物体は神の様態的変状なのであり、これら［延長と思惟という］両方の属性を表現するものなのである。

（中略）

二元論を放棄するという考えは、これまで十分すぎるほどに提案されてきたのであるが、そのほとんどが唯物主義的な基盤にたってなされてきたというのは、いかにも奇妙なことである。

量子力学の創始者の一人であるシュレーディンガーその人が、以上のような汎神論的な世界観を持っていたわけです。そして彼は、量子力学によって二元論的世界観の放棄を迫られた物理学者の多くが汎神論を拒否して唯物主義に傾くのは奇妙だと言っているのです。そもそも唯物論は西田幾多郎が指摘したように本末転倒を起こしており、元々矛盾を抱えた世界観に過ぎません。次に京都大学名誉教授の岸根卓郎が著した『量子論から解き明かす「心の世界」と「あの世」』より引用します。

西洋科学では、現世を「見える物の世界のこの世」と「見えない心の世界のあの世」に峻別《しゅんべつ》し、そのうちの「見える物の世界のこの世」のみを科学研究の対象とし、「見えない心の世界のあの世」（神の世界）は「非科学的」であるとして科学研究の対象から完全に排除してきた。それが、いわゆる「物心二元論」の「近代西洋科学」の「科学観」（鉄則）である。

そのため、西洋科学の研究者の多くは「見えない心の世界のあの世」(神の世界)の「科学研究」へは決して踏み込もうとはしない。なぜなら、踏み込めば「非科学的である」と揶揄《やゆ》されるからである。

しかし、私はそれこそが「非科学的である」と考える。というのは、彼らは未だ発展途上にある「物心二元論」の「西洋科学」を全能と考え、それをすべての思惟《しい》・思考の根幹としているからである。

ところが、今後、科学がさらに発展・進化すれば、これまでは「非科学的な世界」と考えられてきた「心の世界」(神の世界)が「科学的な世界」へと変わる可能性がないとは決していえないのである。事実、二〇世紀に入り登場してきた「量子論」による、「物心二元論の科学観」から「物心一元論の科学観」への移行の兆《きざ》しが、それを象徴しているといえよう。

(中略)

さらに、「量子論」は、

「〈宇宙は心〉を持っていて、〈人間の心〉を読み取って、その〈願いを実現〉してくれる(叶《かな》えてくれる)」

ことをも科学的に立証した(コペンハーゲン解釈、後述)。それこそが「量子論」を象徴す

る、もう一つの有名な比喩の、

「祈りは願いを実現する」

である。

加えて重要なことは、「量子論」は、

「〈見えない心の世界のあの世〉は存在し、しかもその〈見えない心の世界のあの世〉と〈見える物の世界のこの世〉はつながっていて、しかも〈相補関係〉にある」

ことをも「科学的」に立証した。いいかえれば、「量子論」は、

「〈見えない心の世界のあの世〉と〈見える物の世界のこの世〉はつながっていて〈物心一元論の世界〉である」

ことをも「科学的」に立証した（ベルの定理とアスペの実験、後述）。

以上を総じて、本書で究明すべき「究極の課題」は、

「第一に、人間にとって、もっとも知りたいがもっともわからないため、これまでは〈物心二元論〉の観点から〈科学研究の対象外〉として無視されてきた〈心の世界のあの世の解明〉と、第二に、同じ理由で、これまでは〈科学研究の対象外〉として無視されてきた、〈心の世界のあの世と物の世界のこの世の相補性の解明〉について、それぞれ〈量子論の見地から科学〉しなければならない」

ということである。（中略）

「ついに、〈心の世界の時代〉がやってきた」

といえよう。その意味は、

「いまや、西洋本来の〈物の豊かさ〉を重視する〈物心二元論〉の物質追求主義の〈物欲文明の時代〉は終焉《しゅうえん》し、これからは東洋本来の〈物の豊かさ〉と〈心の豊かさ〉を同時に重視する〈物心一元論〉の〈物も心も豊か〉で、〈徳と品格〉を備え、〈礼節〉を知る、〈精神文明の時代〉がやってきた」

ということである（後述）。（中略）とはいえ、ここでとくに注意しておきたい点は、

「読者が従来の〈古典的な科学観〉（デカルト以来の物心二元論の科学観）から〈脱却〉ないしは〈超克《ちょうこく》〉しえないかぎり、〈量子論の理解〉は本質的に〈不可能〉である」

ということである。なぜなら量子論が指向するような、

「〈真に創造的な学問〉は人知を超えた〈神の領域〉（心の世界）にある」

からである。その意味は、

「〈真に創造的な学問〉は、〈物の世界の科学〉を超えて、〈心の世界の科学〉（神の領域）にまで踏み込んだ学問（科学）である」

ということである。いいかえれば、

「〈真に創造的な学問〉は、〈論理性〉と〈実証性〉の外に、〈精神性〉をも兼ね備えた学問（科学）である」

ということである。さらにいうなら、

「量子論こそは、まさにそのような〈物の世界の科学〉を超えて、〈心の世界の科学〉にまで踏み込んだ〈従来の学問の域を超え〉る〈物心一元論〉の〈真に創造的な学問〉である」

といえよう。そして、

「本書もまた、そのような〈量子論〉に依拠した、〈従来の学問の域を超え〉る、〈真に創造的な学問〉を目指して、〈心の世界の解明〉に迫ろうとする」

ものである。

岸根の言う〈物心一元論〉とは別の言葉で表せば、「全体論」あるいは「汎神論」ということになります。シュレーディンガーや岸根が言うように、量子論が示しているのはこの世界が汎神論の世界であるということ、つまり世界（宇宙）が分けることのできない一つの意識体であるということです。その意識体を「神」、「梵（ブラフマン）」、「宇宙意識」あるいは「サムシング・グレート」などと表してきました。われわれ日本人は古来より「神即《すなわち》自然」と考えて「おかげさま」「おたがいさま」で生きてきましたので、日本の庶民は量子論が示すこの世界観を自然に受け入れることができます。そのことは、東日本大震災のような大きな自然災害に見舞われたときの日本人の行動が明瞭に示しています。しかし世界の物理学界は理神論に固執して汎神論の世界観を決して受け入れようとはしないのです。相対性理論はニュートン力学の汎神論的要素（絶対空間、絶対時間および遠隔作用の存在）をすべて否定してくれるので、理神論者たちによって正統理論の地位を与えられたのでした。次の田中英道著『日本人にリベラリズムは必要ない。』からの引用にもあるように日本は古来汎神論の世界観をもっており二元論も受容しますが、逆に理神論者が汎神論を受け入れることは無いのです。

日本では「すべては自然から生まれた」と考えられています。神々もまた、自然から生まれました。日本人にとっての人間の由来は、『古事記』や『日本書紀』に述べられている通りです。

（中略）

『古事記』にあるように、「天地初発」でいいのです。実を言えば、この考え方は現代の科学にも一致しています。

たとえば科学は、「ビッグバン現象」にしてもそうですが、宇宙の解明を一生懸命やっています。解明はついていませんが、少なくとも、『古事記』が言っていること、天地初発を追求しています。

（中略）

宇宙についてのことなどは、わからないことばかりです。日本人にとっては、「そのわからなさが神であり、神だからこそわからない」と考えます。その神を畏怖するのです。西洋人は、それを解明できるものだと思い込みます。神がつくったものだから言葉で説明し尽くせるものだと思います。しかし、人間が解明などできるわけがありません。（中略）

日本人は、そんなことはわかるはずがないと考えていますから、無駄なことは行いません。規則的に出てくる「おてんとうさま」と「お月さま」が、そこにあるだけです。それが日本人にとっての〝神〟です。

これは、西洋の思想、ユダヤの思想と完全に対決する思想です。

3 リベラルの正体とは

山口真由による論文「日米『リベラル』の迷走」(月刊『正論』260－263頁、平成29年12月号) は、次の文で始まります。

米国の「リベラル」は人間の理性を絶対的に信頼し、「自然」さえコントロール下に置こうと考える人たちです。

2016年に米国のハーバード・ロースクールを卒業してニューヨーク州弁護士登録も得たという著者は、米国の「リベラル」が理神論の立場に他ならないことを的確に見抜いています。同論文よりさらに引用します。

米国のリベラルは建国以来、折伏によってその考えを着々と広めてきました。私は厳格な「政教分離」がそれを後押ししたと分析しています。リベラル思想はあくまでも「思想」であり、キリスト教のような宗教ではないと認識されてきたために、国家がこれを推奨しても「政教分離」に反するとは見なされなかったのです。
しかし、米国におけるリベラル思想はもはや宗教の域に達したのではないでしょうか。事実上は熱心な「信者」に支えられた「宗教」であるにもかかわらず、先の理由で、政界は言わずもがな、教育現場などで堂々と「信仰」を浸透させることができるのです。

論文の著者がいみじくも指摘しているように、リベラル思想つまり理神論とは「この世に神はいない」を信条にする「宗教」に他なりません。「政教分離」とは、つまり汎神論を公に説くことを抑圧、禁止して、無神論を流布させるために理神論者が作った装置であると言って良いでしょう。

次に『世界を変えた科学10大理論』（学研）に掲載された、松田卓也（神戸大学理学部教授〈当時〉）による解説「アインシュタインの『相対性理論』」より引用します。

各理論の確かさに点をつけるとすれば、特殊相対性理論は１００点満点で１００点であるが、一般相対性理論は99点くらいである。これは次のような理由による。つまり、一般相対性理論以外のまともな重力理論も、さまざまなまともな研究者によって提案されてきた。

先の本にも述べられているように、特殊相対性理論とは異なって、一般相対性理論はすべての研究者に完全に受け入れられたわけではない。種々の拡張理論、亜流理論が提案されてきた。しかし、いままでのところ、一般相対性理論ではだめという証拠はひとつも上がっていないといえる。

一方、一般相対性理論の応用としてのビッグバン宇宙理論になると、それに反対するまともな研究者もいるわけで、まああえていえば90点くらいであろうか。

何度も述べているように特殊相対性理論は科学理論の要件を備えていない誤った理論であるにもかかわらず、この科学者はこの理論が１００点満点であると断言しているのです。これこそリベラル信仰の典型例であると言えましょう。後述するように、東京裁判史観を疑問視する意見に対して史実に基づいて反論するのではなく、歴史修正主義のラベルを貼ってそれを葬り去ろうとする歴史学会の態度もこのリベラル信仰に発しています。山口の「日米『リベラル』の迷走」からの引用に戻ります。

米国は今、リベラルの〝暴走〟に直面しています。例えば彼らが広めた「ポリティカルコレクトネス」（ＰＣ）という概念は、人間の理性を信じ、人種や性などあらゆる分野の少数者を（特に表現の側面から）差別しないという考え方に根ざします。ところが、「レディ・ファースト」さえ女性差別だと決めつけるリベラルの押しつけ、「言葉狩り」が横行するにつれ、中世の魔女狩りに遭っているような、米国民の抱える息苦しさが見受けられました。

宗教化したリベラルは「寛容」を口にしながら、「異端者」を容赦なく火あぶりにします。つるし上げ、政治的に抹殺します。かつてハーバード大学の学長がデータに基づき「トップレベルに限定すると男女の能力差がある」ことを理系の女性学者が少ない理由に挙げたところ、彼は辞任に追い込まれました。そもそも〝タブー〟に挑戦するのが学問の本旨ですが、米国の最高学府においても〝宗教的価値観〟の枠内の研究しか許されない空気が広まっています。

一定の制限が許される「表現」とは異なり、「内心」はあくまでも自由であることが憲法の大原則です。リベラルの支配領域が内心にまで及べば、思想統制につながりかねません。

ＰＣというのはつまり理神論者にとって都合の悪い言葉や言説を禁止する「言葉狩り」なのです。リベラルは「ＰＣは差別をなくすために必要だ」と言いつのりますが、本当の目的はユダヤ批判を禁止することです。ユダヤ批判を伴う言説をアンチセミティズム（反ユダヤ主義）と呼んで徹底的に取り締まるのが目的なのです。その証拠にリベラルは、史実に基づかない「南京大虐殺」や「従軍慰安婦」といった日本人差別の言説を広めるのにはとても熱心なのです。山口の論文では理神論や汎神論という言葉は使われていませんが、次の引用から著者がその違いに気づいていることは明らかです。

地震や津波など自然の猛威に直面しながらも、肥沃な土壌の恩恵も同時に受けてきたが故に、日本人は自然を畏れ、崇めてきました。太古から続くその歴史性を持つ国に「人間による自然の支配」を是とする思想を植え付けようとしても、根付くことはないのでしょう。どのような思想もその国の風土に合わなければ受け入れられません。

また、アメリカは多方面で素晴らしい国ですが、歴史の浅さ故に民主主義しか知らず、それを殊更に称賛する独善性も持ち合わせています。翻って日本はどうでしょう。古代から様々な政治体系を経験してきた日本人は、人間が基本的に愚かで、どんな政治制度も負の側面を抱え得ると、経験的に知りながら、それでも「より良い制度を模索する不断の試みを止めてはならない」と考えているようにも見えます。

こうした潜在的な素養から、日本には「合理性」を唯一無二の価値として掲げる米国型リベラルが合わないのだと思います。日本のリベラル勢力は一度原点に戻り、「日本の風土に合うリベラル思想」を、そんなものがあるのか含めて、考え直すべきでしょう。

「日本の風土に合うリベラル思想」がもしあるとすれば、それは「汎神論を容認するリベラル思想（つまり理神論）」ということになって矛盾を生じてしまいます。したがって「合理性」を唯一無二の価値とするリベラル思想からすれば、そんなものはあるはずがないのです。次に馬渕睦夫著『リベラルの自滅』から引用します。

グローバリズムとは、「アメリカ・ウォール街を中心とした国際金融資本勢力が編み出した、世界のグローバル市場化を達成し〝世界統一〟を実現するための思想」です。そして、その背後にある思想が「リベラル」なのです。

リベラルな国際秩序はいまや暴走を起こして、世界中に、テロや紛争をはじめとする深刻な問題を生むに至りました。

グローバリズムは、時に「国際自由主義秩序」と呼ばれる場合がありますが、これは言葉の綾《あや》に過ぎず、「ポリティカル・コレクトネス」に基づく思考停止に過ぎません。

（中略）

私たちは、こういった言葉に納得させられ、〝洗脳〟されてきました。私たちは今から、今までの世界、つまり「グローバリズム」や「リベラル」の弊害を改め、「ナショナリズム」あるいは「愛国主義」との並立・共存を図っていかなければなりません。

リベラルつまり理神論者たちが目指しているのはグローバリズムに基づく〝世界統一〟であるわけです。同書よりさらに引用します。

「グローバル経済を推進する勢力」とは何でしょうか。「軍産複合体」と呼ぶのが一番わかりやすいのですが、伝統的なアメリカのパワー・エリートの勢力がこれにあたります。

軍産複合体という言葉自体はもうアイゼンハワー大統領の時代（1953〜1961年）から使われています。その中身は結局、ウォール・ストリートの金融資本家です。

（中略）

彼らは、自分たちがどのような世界観を持って世界に対応しているかということを、以前から公言しています。（中略）

最も代表的なものとして、デイヴィッド・ロックフェラー（1915〜2017年）の回顧録（『ロックフェラー回顧録』楡井浩一訳　新潮社）があります。ロックフェラーは、その中で「自分は秘密結社に属している」とはっきり書いています。ロックフェラーはまた、「世界の仲間と一緒に、世界統一のために働いてきている」とも書いています。（中略）

グローバリズムとは、ロックフェラーがいみじくも言った通り、「世界統一」のことです。（中略）

そもそも世界統一は、はたして良いことでしょうか。読売新聞はそれが良いと言っています、産経新聞も同様です（リベラル系の新聞は言うまでもありません……）。日本だけでなく、世界中のメディアがそう言っているのです。

端的に言えば「世界は統一されたほうが良い」「ワンワールドが良い」と言っているわけですが、こういうことはテレビでも新聞でも、ストレートに表現してはいけないことになっています。

なぜかと言えば、それがバレると、彼らは自らの戦略を実践できないからです。そして、私たちがこういう話をすると、すぐに「陰謀論だ」という批判を受けることになります。

陰謀論だという批判には、注意すべきです。自分たちの陰謀を隠すために相手にラベルを貼るやり方が、「陰謀論だとして批判すること」の正体だからです。

リベラルの目的である「世界統一の達成」のために用いられる方法の一つが、「陰謀論」や「歴史修正主義」といったラベル貼りによってリベラルにとって都合の悪い言説を批判すること、そしてもう一つが、先の山口の論文にもあったPCによる「言葉狩り」です。『リベラルの自滅』からの引用を続けます。

リベラルと称する人たちは「言葉狩り」、さらに言えば「言論弾圧」を行います。一橋大学の学園祭で、百田尚樹《ひゃくたなおき》氏の講演会が圧力で中止になったという出来事が2017年の6月にありました。

(中略)

ポリティカル・コレクトネスの衣を着た言葉狩りが、現在進行形で、ものすごい勢いで行われています。このことを私たちは、いわば内部撹乱、内部分裂を意図した戦争だと見なければいけません。

(中略)

昨今の森友学園問題も、加計学園問題も、それから、皇室問題も、すべて底流は同じです。日本の内部から分裂させるという目的を持って行われています。

これは戦争の、新しいやり方です。私たちは、そのように認識しなければいけません。

この新しい戦争には、明確に理論があり、革命戦術があるのです。かねてから何度も申し上げている、フランクフルト学派（※注1）の理論です。

それは「批判理論」と呼ばれています。（中略）「批判理論」によって社会を内部分裂させることが目的です。これが今、日本で行われているわけです。

では、どういった人々が「批判理論」を実践しているのでしょうか。これはもう明確で、簡単に言えば、左翼・リベラルということになります。

（中略）

それでは、そういった「批判理論」、それを隠す「ポリティカル・コレクトネス」から、私たちはどのように自衛したらよいのでしょうか。

これもまた、私がかねてより申し上げていることですが、『古事記』の精神というものをもう一度見直すということです。『古事記』の精神に気づくということです。

（中略）

リベラルは「破壊思想」です。

（中略）

芥川（引用者注：芥川龍之介、1892－1927）は普遍主義を唱えるキリスト教が破壊思想であり日本伝統の精神に合わないことを見抜きましたが、リベラルも破壊思想で日本の伝統とは相容れないのです。

※1　フランクフルト学派……1930年代以降、ドイツのフランクフルトの社会研究所に参加した一群の思想家たちの総称。マルクス主義・精神分析学・アメリカ社会学などの影響のもとに「批判理論」を展開した。ホルクハイマー、アドルノ、ベンヤミン、マルクーゼ、ノイマン等がいる。

ここで念のために補足しておきますが、ここで言う「普遍主義を唱えるキリスト教」とはキリスト教すべてをさしているわけではなく、16世紀にわが国へ入ってきたユダヤ化したキリスト教、つまり反イエスのキリスト教を指しているのです。次に再び田中英道著『日本人にリベラリズムは必要ない。』から引用します。

20世紀の重要事件は、ロシア革命にしても第二次大戦にしても、ユダヤ人が潜在的にリードしてきました。ナチズムに対する批判を大きな武器として、アドルノをはじめとするフランクフルト学派の思想が西洋あるいは欧米に蔓延《まんえん》しました。

実は、日本はそれに巻き込まれたに過ぎません。ユダヤ問題は、日本人にとって直接的には関係ありませんが、西洋思想を通して、日本人も「ユダヤ人に対して、何か悪行を働いたような意識」を植え付けられました。無条件に「ユダヤ批判はいけないこと」という感覚が、何も関係ない日本人にまで感染しているのです。

「リベラル」という言葉に象徴される、「隠れマルクス主義」がここに誕生します。

結局「ポリティカル・コレクトネス」というのは、「批判理論」による批判の対象から「ユダヤ」だけは除外するということ、つまりどのようなユダヤ批判も全て人種差別であり許されないということです。また「反ユダヤ主義（アンチセミティズム）はいけないこと」とされるのも全く同じことです。同書よりさらに引用します。

戦後日本のリベラルの基本は憲法九条におかれました。革命を鎮圧する軍隊を否定している条文だからです。リベラルは九条を持つ日本国憲法を平和憲法と呼びますが、この平和という言葉は、隠れマルクス主義者のさらなる隠れ蓑《みの》です。

（中略）20世紀中、ユダヤ勢力に関する歴史的分析は、彼らがマスコミや学会を牛耳っているためにひた隠しにされました。したがって、ユダヤに関する客観情報が日本で手に入ることはあまりなく、ユダヤに関する話題はもっぱら陰謀論として揶揄されてきたのです。

大多数の日本人は真のユダヤ史、世界史を知らされてこなかったために、金融ユダヤ勢力に対する理解に乏しく、従って彼らへの警戒心をまるで抱かずに過ごしています。「リベラル」

つまり「隠れマルクス主義」とは実はユダヤ主義であり、その正体は「神はユダヤ人だけのものであり、ユダヤ以外の民族は人間ではなく獣類《ゴイム》に過ぎない」とする極端な人種差別、宗教差別思想なのです。マルクス主義が無神論を布教するのはユダヤ教以外の宗教をすべて破壊するのが目的です。引用を続けます。

リベラルの革命方法論に、わずかにでも風穴を開けたのがトランプでした。偽善に満ちたポリティカル・コレクトネスだらけで息苦しく、うんざりしていた人々が、ポリティカル・コレクトネスを無視するかのような大胆なトランプの発言に陰で大喝采を送ったのです。

（中略）

アメリカでトランプ大統領が政権をとってから、世界は非常に面白くなってきたと言えます。これまでの20世紀のある種のイデオロギー、つまりこの本で書いた「リベラル」「リベラリズム」が消えていくきっかけとなっているからです。（中略）

今、彼らリベラル勢力はトランプ大統領批判を懸命にしていますが、それも非常に底の浅い状況になっています。「言論を支配していた」と思っていたにもかかわらず、本当は少数派であることが、如実にわかってきました。

近年の米国はグローバリストつまり「リベラル」が国を支配してきましたが、雇用不安を抱える多くの白人が中心となって、ウォールストリート・ファーストではなくアメリカ・ファーストを唱えるトランプ氏を支持して彼を大統領の座につけたのです。リベラルのマスコミがこぞって反トランプキャンペーンを展開し続けたにもかかわらずトランプ大統領が誕生したのでした。米国の多くのマスコミはトランプ氏が大統領になったのちも反トランプのフェイクニュースを流し続けています。一方で日本のマスコミの多くも安倍総理降ろしを狙って森友問題や加計問題のような問題を捏造して報道しています。朝日新聞のあまりの暴走を見かねた文藝評論家の小川榮太郎が『徹底検証「森友・加計事件」 朝日新聞による戦後最大級の報道犯罪』(飛鳥新社)を出版すると、大言論機関である朝日新聞は小川氏に対してあくまでも言論で反論するのではなく、なんと小川氏と出版元の飛鳥新社を相手取って五千万円の損害賠償を求める訴訟を起こしたのです。これは大言論機関による個人に対する言論弾圧に他なりません。こんなことをすれば『朝日新聞』の購読者はますます減ることになるでしょう。この新聞社は、言論機関としてはもはや「死に体」に陥っているのかも知れません。……と書いてから一カ月ほどして、当の飛鳥新社発行の雑誌『Hanada』２０１８年４月号が届きました。そこにまさにこの問題を論じた「総力大特集　赤っ恥、朝日新聞!」が掲載されていますので、そこからも少し引用しておきます。まず櫻井よしこによる論文「『言論の矜持』はいずこへ」からの引用です。

朝日新聞はついに、言論機関としての矜持《きょうじ》と資格を失ったのか。

二〇一七年十二月二十五日、朝日新聞社は『徹底検証「森友・加計《かけ》事件」朝日新聞による戦後最大級の報道犯罪』の筆者である文芸評論家の小川榮太郎氏と、出版元である飛鳥新社を提訴した。紙面での論争を避けただけでなく、五千万円もの損害賠償と謝罪広告の掲載を要求したことは、言論機関としてあるまじき行為である。

（中略）

朝日は、小川氏が朝日新聞に対する一切の取材を行わなかったことを問題視している。だが言論空間においては、署名原稿を書いた筆者に対して、必ずしもその都度、「これはどういう意図で書いたのか」と取材して批評する必要はないであろう。

言論とは、署名入りで記事を出したが最後、どのように論評されても仕方がないという性格を有する。だからこその「真剣勝負」であり、それが言論に携《たずさ》わる者の覚悟でもあろう。

朝日が紙面に載せた記事を精査したうえで小川氏は、「記事には安倍叩きのための偏向や、印象操作があった」と指摘した。記事に基づいた論評は、日本を含む言論・表現の自由を尊ぶ国では、何ら問題にされる事柄ではない。朝日の側に反論があるのであれば、大いに言論で展開すべきであろう。

次に同特集に含まれる小川榮太郎本人による論文「朝日新聞の自殺」からも引用します。


それにしても朝日新聞は、なぜここまで堕《お》ち続けるのか。

現職首相に国会で「品質に達していない」「嘘の報道」とこき下ろされ、反論記事を掲載したら「哀れ」と酷評され、それに対して反撃さえできない。戦後言論空間の「権威」だった朝日がここまで落ちぶれたのはなぜなのか。

理由は様々であろうが、ここではもっとも根源的な理由として、朝日新聞がその旗頭《はたがしら》となってきた「戦後イデオロギー」の全面的な破綻《はたん》のなかで、自分たちが守り、立て籠《こ》もり、戦うべき正義を失ったことによる精神的な自殺なのではないかという仮説を提出しておきたい。

「戦後イデオロギー」――言うまでもなく、マルクス主義とGHQ史観が過激に化合した反日進歩史観のことである。

(中略)

戻るべきイデオロギー的正義を土台から見失うなかで周囲を見渡せば、それを支えてきた知的権威や同志たちも徐々に右に向かって揺曳《ようえい》しつつあり、主流派だったはずの自分たちがいまや特殊で、白眼視・冷笑されるイデオロギー集団に格下げされつつある。

この焦燥と自信喪失のなか、反安倍感情を煽るスキャンダリズムにより、最もコアな「戦後イデオロギー」派の読者層の心を激しく摑み続けるという、いわばイエロージャーナリズムの手法に手を染める他なかったというのが、近年の朝日新聞の開き直りの根本原因ではあるまいか。

この両論客の主張こそ、まさに正鵠《せいこく》を射たものでありましょう。なおここで「戦後イデオロギー」と呼ばれているものが、「リベラル」つまり「隠れマルクス主義」を指していることは言うまでもありません。さてこの章を終えるにあたり、いま一度『日本人にリベラリズムは必要ない。』から引用します。

その固有な文化を守ってきた日本という国が世界でますます重要になってきているのです。「日本の思想とは何か」「今後の世界に必要なのは、日本の思想の再評価ではないか」ということが議論され始めました。各国のナショナリストの先進国として、それが評価されるようになってきたのです。

これまでリベラルによってかきまわされてきた、それぞれの国家、それぞれの民族の伝統的な文化の重要性は、私たち日本人がまず自らの文化を取り戻すことによって良き例を示すことができるのです。

「日本の思想」とは「神即《すなわち》自然」とする汎神論の思想であり、具体的には、調和を重んじ「おかげさま」「おたがいさま」といった感謝と労《いたわ》りの心にもとづいた生き方を美しいと思う感性そのものをいうのでしょう。

4 歴史修正こそ学者の務め

月刊『正論』2014年2月号に掲載された石部勝彦による論文「東京裁判史観信仰の『大司教』歴史学界を砲撃せよ」より引用します。

私は定年退職をしてから十五年にもなるが、元は高校の歴史教師（主として世界史を教えていた）であった。大学では歴史学（西洋史学科）を専攻し、やがて高校の歴史教師となった。とりたててマルクス主義を勉強したことはなかったものの、その強い影響下に置かれていた当時の日本の歴史学の「成果」を当然のものとして受け入れていた。日教組の組合員であり組合活動も熱心にやった方で、みずから左翼の陣営に属する人間であるとも考えてきた。

それが、ソ連の崩壊が決定的な契機であったと思うが、マルクス主義を疑うようになり、やがてはそれを否定しなければならないと考えるようになった。（中略）アメリカが日本を占領下に置いた七年の間に、日本が二度とアメリカの脅威にならないよう、戦前の日本を作り上げていた精神を破壊し、あの戦争は日本の側に罪があったと日本人に思わせるように仕向けたのである。「東京裁判」がそのための一大装置であり、その歴史認識がいまだに日本人を呪縛しているのである。

高校の歴史教師をしていたというこの著者の現在の歴史認識は、きわめて真っ当なものであろうと思われます。引用を続けます。

私は学者ではないが、縁あって、「歴史学会」という名称の学会の会員になっている。年に一回、大会を開き、二回、「史潮」という名の機関誌を発行している。私は大会には殆んど出たことはなかったが、平成二十四年十二月の大会に興味を抱き、出席した。（中略）

大会は二十四年十二月二日、成蹊大学で行われた。シンポジウムは、四人の学者が壇上に立ってそれぞれ四十五分間程度の報告を行った。（中略）

討論の時間になり、私は先述の永原慶二氏の見解について意見を聞きたい、日ごろ疑問に思っていたことを聞いてみたいという思いに駆られ、挙手をして発言を求めた。その内容は後述するが、専門の研究者ではないと断って発言したので、もっともな素人の疑問として受け止めてもらえるものと思っていた。ところが意外な展開となった。壇上の報告者からそれぞれ、私に対していわば罵声が浴びせられたのである。

学会のシンポジウムの質疑応答において、シンポジストが質問者に対して罵声を浴びせるとはまったく呆れかえります。左翼による吊るし上げそのものですが、それが歴と《れっき》した歴史学会で行われるとは信じがたい事です。引用を続けます。

こうなった以上は、いい加減に済ますわけにはいかないと考えた。そして二十五年一月二十六日と三月の二度にわたって、私の発言内容とそれに対する壇上報告書《(ママ)》からの反応を整理し、公開の議論を求める文書を手紙の形にして主催者の「歴史学会事務局」に送ったのである。

二通の手紙をあわせた大略は以下の通りである。

《私は、昨年十二月二日に開催された貴学会のシンポジウム「『戦後歴史学』とわれわれ」のディスカッションに際して、終了間際の時間帯ではありましたが、許可をいただいて発言をさせて頂きました。(中略)

シンポジウムにおける議論は、『戦後歴史学』というものを肯定的に受けとめた上での、それについての細部にわたる議論であったように思います。私は、それとは違って、『戦後歴史学』の否定的な側面について、三つの問題点を指摘しました。

第一は、『戦後歴史学』が、ごく少数の専門の歴史学者だけの狭い世界のものになっていて、国民全体のレベルに於ける歴史への興味や関心から遊離し、隔絶したものになっているのではないか、という問題です。（中略）

第二は、『戦後歴史学』が国民に対して本来の役割を果たしていないという問題でした。日本の高校生や大学生ら若者が外国に行って、世界各地の若者達と交流する時、どこの国の若者も先ず自分の国の歴史を誇らしく語るけれども、日本の若者だけはそれが出来ないという話を聞きき《（ママ）》ます。これは悲しむべきことなのではないでしょうか。（中略）

第三は、『戦後歴史学』が、学問にとって最も大切なものだと思われる「学問の自由」を蔑ろにしているのではないかという問題提起です。（中略）

平成十五年、永原慶二氏の『20世紀日本の歴史学』という書物が吉川弘文館から出版されました。永原氏は一橋大学名誉教授で、歴史学研究会委員長、日本学術会議会員等を歴任された、歴史学界の重鎮とみなされている学者だと思います。（中略）永原氏は、日本の歴史学は「東京裁判」によって正しい歴史の見方を教えられた、正確に言うならば、それを通じて「十五年戦争」の歴史認識への道が拓かれることになった、と言われているのです。

（中略）永原氏は、「つくる会」の教科書の記述を、史実を歪曲し「歴史の修正」をあえて行おうとする非学問的行為である、と論難されています。そして、このような動きを見過ごすことは、歴史学の研究者としては、一歩もゆずることの出来ないところである、と主張しておられます。

しかし、特定の考えだけを絶対に正しいものだとし、それに反するものは学問として認めないという考え方は、「学問の自由」を否定するもので、あってはならないと考えます。（中略）

この私の問題提起に対しては、壇上から「日本が中国を侵略したのは動かしがたい事実だ」という反駁の言葉が返ってきました。（中略）》

結論から言えば、私の二通の手紙は無視された。（中略）

最後に歴史学界について考えたい。「学界」に無数に存在する個別の「学会」の中で最も有力なのは「歴史学研究会」で、東大系の学者が多く参加していると思われる。永原慶二氏も委員長を務められていた。「歴史学研究会」は極めて政治性の強い特徴をもっている。二〇〇六年度活動方針の「基本方針」には、「日本の侵略と植民地支配に対する国民の歴史認識を歪めようとする動きに反対する」ことが明確に盛り込まれている。（中略）私の所属する「歴史学会」の会則にはそのような政治的な定めはないが、私の発言への反応、件のシンポジウムの趣旨を見れば、実態はいまだ左翼・マルクス主義の影響下にあり、「歴史学研究会」と似たようなものかもしれない。（中略）

歴史学界の実態をすぐに変えることは難しいだろう。私は、国民から遊離している「歴史学界」を遊離したままにさせておき、それとは別に、国民レベルで、新しい「国民の歴史」を作り出す大きな運動を巻き起こすべきだと考える。

この著者の主張はまさに正論であると思われます。東京裁判史観のような誤った歴史認識を正すことこそ、本来日本の歴史学界が率先して行うべきことに違いありません。歴史を正そうとする行為を「歴史修正主義」とのラベルを貼ることによって封じ込めようとするのは、まさに左翼・リベラルのやり口であり、それは学問ではなくマルクス主義（＝無神論）の布教活動に他ならないのです。次に安濃豊著『大東亜戦争の開戦目的は植民地解放だった　帝国政府声明の発掘』から引用します。

当時、アジア各国などという国家群は存在しなかった。アジアに於ける実質的独立国家はタイ王国のみであり、アジアのほとんどは欧米白人国家、米英蘭仏の領土、植民地、保護国、属領であり、支那大陸は半植民地状態であった。それ故「アジア各国を侵略した」という行為は成立しない。相手がいないのに侵略行動を取れるはずがない。強いて言えば、アジアにおける英米仏蘭の領土・保護国・植民地を侵略したというのが正しい。アジアを侵略していたのは欧米列強であるから、日本軍は侵略国家を侵略したという、論理的に矛盾した行動を取ったことになる。侵略国家を侵略した時、それは侵略という言葉で表現すべきではなく、「解放」という言葉を与えるのが正しい言葉使いである。

帝国政府声明と同日付で発表された大詔で陛下は、開戦理由が米英からの経済的・軍事的圧迫に対する帝国の自衛戦争であると述べている。

経済的圧迫とはＡＢＣＤ包囲網と呼ばれる対日経済封鎖であり、米国による在米日本資産の凍結である。この凍結により日本は対外的貿易決済を行えなくなったのである。なぜなら日本は多くのドルをシカゴの銀行口座に蓄え、その口座から貿易決済をおこなっていたからである。

軍事的圧迫とは米国太平洋艦隊のカリフオル《(ママ)》ニア州サンジェゴ港からハワイ真珠湾への前進であり、アリューシャン列島ダッジハーバーへの米艦隊常駐、支那大陸への米義勇兵（フライング・タイガー）派遣、東南アジア地域からの蒋介石軍への軍事援助などである。

米英蘭からの軍事経済脅迫が全くないのに開戦したのであれば、思いつきの侵略行為と言えるであろうが、現実には大日本帝国を脅していたのは米英蘭であった。

このような状況での開戦は武力脅迫から身を守るための、やむを得ない防衛行動であったと認めざるを得ない。

また英国人記者ヘンリー・S・ストークスも植田剛彦との対談本『日本が果たした人類史に輝く大革命』（自由社）において次のように述べています。

ストークス　「日本はアジアを侵略した」という見方について、欧米諸国や、中国、韓国などのジャーナリストや学者が、そうした主張を繰り返していますが、見直す必要があります。

確かに、日本が、欧米列強がアジアに展開していた植民地に軍事進攻をしたことは、歴史の事実です。イギリス人の私は、この意味では、日本は侵略国だと思います。イギリスがアジアに所有していた広大な領土に、軍事進攻をしてきたからです。

しかし、それ以前にアジアを侵略して、植民地支配をしたのは、欧米諸国でした。日本は軍事進攻によって、アジアを占領した。だが、日本がそれ以上のはるかに重要な、大きなことを成し遂げたことに、気づく必要があります。

日本の軍事進攻によって、何世紀にもわたってアジアを支配していた欧米の軍隊が、あっという間に蹴散らされてしまったのです。これは一地域のことではありません。アジア全域に展開していた欧米の植民地を、日本は一瞬のうちに軍事占領してしまった。想像を絶する出来事でした。

欧米の数百年に及ぶアジアの植民地支配の歴史にあって、有色人国家が、そのようなことを現実的に起こすなどとは、誰も想定していなかったのです。

まさに、映画『猿の惑星』の世界が、自分たちの目の前で現実になったような、想像を絶する事実に、欧米列強は直面した。このことは、われわれにとっては、復讐しても し足りないぐらいに悔しい出来事でしたが、日本が起こした想定外の衝撃は、それに留まらなかった。

有色人国家が、アジア全域に展開していた、白人支配の植民地を一瞬にして制圧し、軍事占領してしまった衝撃は、それまで、白人には勝てないと思っていた、アジアや、アフリカの諸国民、諸民族にも、独立の気概と行動を呼び覚ました。これは、日本の偉業でした。

これら二つの引用が示すように日本は侵略したのではなく植民地を解放したのです。日本は敗戦国とされていますが、戦争目的をほぼ達成したのは連合国ではなく我が国だったのです。ではなぜ日本の歴史学界では今もって東京裁判史観を金科玉条とし異論を許さないのでしょうか？　再び『大東亜戦争の開戦目的は植民地解放だった　帝国政府声明の発掘』から引用します。

東京裁判史観とは大東亜戦争は東條英機ら被告たちの共同謀議に基づく侵略戦争であって、戦前戦中の大日本帝国のなした各種行為と行動はすべて「悪」であったと断定した歴史観である。さらに、戦前の大日本帝国は軍国主義やファシズムに支配され、民主主義が存在しない国家体制であったと決めつけ、戦前の大日本帝国を全て悪しき国家として断罪する歴史観である。

戦前、大日本帝国によって断罪、弾圧を受けていた日本左翼、すなわち日本共産党にとって、東京裁判史観はその正当性を回復するためには渡りに船であった。GHQによって保守系の論壇人、学者たちは公職を追放された。その空いたポジションを何を血迷ったのかGHQは共産主義者である日本共産党系の学者論壇人により埋め合わせをした。その結果、戦後の日本歴史学は左翼系の学者に占拠され、マスコミまでも左翼により占拠されてしまい、最後には日教組という教員の労働組合を通して、教育界まで汚染されたのである。

左翼に対して反論すべき保守派知識人は、戦犯として囚われることを恐れ、皆口をつぐんでしまった。以後、我が国は東京裁判史観を礎とする自虐、敗戦、侵略史観に囚われ、国民は〝一億総懺悔〟という、幾度も戦争を繰り返し、戦争馴れした欧米先進国ではあり得ない特異な洗脳状態に置かれた。

つまり戦後ＧＨＱが実施した公職追放によって、わが国の各学界、マスコミ界、教育界までもが左翼・リベラルの人士たちに牛耳られることになってしまったのです。同書よりさらに引用します。

白人にとって東條は極悪人となるが、一方、世界の有色人種にとって東條は解放の恩人である。支那が東條を目の敵にしているわけ、それは有色人種解放の英雄である東條を貶めなくては、白人の犬となって有色人種解放を妨害していた自分たちの立つ瀬が無くなるからである。支那が靖国神社を目の敵にしている理由も、靖国神社に眠る英霊たちはアジア解放の殉教者であり、靖国を貶めなくては白人の太鼓持ちをしていた自分たちが惨めとなるからである。

東條英機は白人にとっては植民地を奪った悪魔ではあるが、有色人種にとっては解放独立の神様である。昭和超帝による開戦のご英断と東條の確固たるアジア解放遂行意志がなければ、人種平等は実現しなかった。

次に太田龍著『ユダヤの日本侵略４５０年の秘密』から引用します。

重光葵《まもる》外務大臣が、この大東亜戦争の戦争目的を後世の歴史のために提示しなければならないとして、ここに昭和十八年十一月、東京に大東亜会議が召集され、白人西洋列強のアジア植民地隷属化の悪業を断罪する立場から、大東亜共同宣言が発せられた。（中略）この会議を主宰したのは、東條首相であった。ユダヤ悪魔教は、東京裁判で東條大将に復讐した。

「ユダヤ悪魔教」が一体何を指すのかは後述するとして、ここでは白人西洋列強を背後から操っている組織と解しておいて下さい。そして問題は、白人西洋列強を背後から操っているその〝ユダヤ悪魔教〟が持っている「自分たち以外（特にアジア人）は人間ではなく家畜《ゴイム》に過ぎない」とする究極の差別思想にあるのです。その差別意識は、終戦間際に広島、長崎に原爆を投下して三〇万人以上の民間人を焼き殺した残虐行為の正当性を説明するために持ちだされる、トルーマン声明の「戦争を早く終わらせるために、数多くのアメリカの青年の命を救うために、原子爆弾を投下した」という部分に如実に表れています。つまり「数十万人もの日本の民間人を虐殺したのは、さらなるアメリカ兵の消耗を避けるためであり仕方がないことであった」と言っているのであり、現在のアメリカ人の多くもそれを諒《りょう》としているわけです。彼らは「アメリカの青年の命と比べれば日本人の命などとるに足らない」とする差別思想に染まり切っているのでしょう。ともかく、東京裁判とは白人西洋列強の多くの植民地を解放に導いてしまった日本に対する、彼らによる野蛮きわまりない復讐劇であったのです。

5 占領政策と日本国憲法

戦後の日本国憲法そして皇室について、まず『日本人にリベラリズムは必要ない。』からも引用しておきます。

日本のリベラルについて考察していきたいと思います。

このテーマを考えるうえで、検証しなければならないものが「日本国憲法」の第九条です。なぜなら、実は〝憲法九条〟がリベラル勢力の思想を支えているからです。

第九条　日本国民は、正義と秩序を基調とする国際平和を誠実に希求し、国権の発動たる戦争と、武力による威嚇《いかく》又は武力の行使は、国際紛争を解決する手段としては、永久にこれを放棄する。

② 前項の目的を達するため、陸海空軍その他の戦力は、これを保持しない。国の交戦権は、これを認めない。

（中略）

憲法九条は、終戦後、直近に予定された革命に対して、「それを弾圧する軍隊をつくらせないことで革命を円滑に実現する」ということを目的に作成され、施行されました。

（中略）

わが国は、ＯＳＳ（引用者注：Office of Strategic Services／戦略情報局）「日本計画」のもとに占領下で施行された憲法を、現在まで改正せずにきました。つまり、社会主義革命のために作成された日本国憲法が存続しているということです。

前章までに触れてきた西洋型のリベラリズムが日本に生き残っている理由はここにあります。本来、「変革志向」であるはずのリベラル勢力が憲法改正については過剰なほどに拒否反応を起こして断固維持を主張する理由も、まさにここにあるのです。

つまり日本国憲法制定の目的は、日本で社会主義革命を起こさせるためであるというわけです。同書よりさらに引用します。

レーニンの革命理論に「二段階革命」があります。（中略）

この二段階革命理論が、ＯＳＳ「日本計画」にも、特に戦後の占領施策論として適用さ

れています。（中略）

ＯＳＳの日本調査・研究の結果として、「天皇」については革命の第一段階にあたる市民革命のために利用することとしたのです。（中略）あくまで、天皇を葬る最終的な革命の前段階、資本主義を成熟させて矛盾を生じさせるための有効な装置として、「象徴天皇」の概念を発明したのです。

したがって、実は、現代の日本はいまだに、隠れマルクス主義者であるリベラルにとっての、二段階革命の第一段階目にあるのです。革命を阻止する軍隊の存在を否定した憲法九条は、まさにリベラルにとっては本拠地であり、牙城です。これが日本にいまだにリベラルが生き残り、「憲法改正」、とりわけ「九条改正」に対して断固反対し続ける理由なのです。

では二段階革命の二段階目としていったい何が計画されていたのでしょうか？　同書よりの引用を続けます。

ＯＳＳ「日本計画」の二段階革命は、非常に具体的に計画されました。アメリカは、中国においては毛沢東《もうたくとう》（1893～1976年）を政権につかせ、日本においては野坂参三

（1892〜1993年）を政権につかせることを画策していました。

（中略）

アメリカは野坂を共産党の主席におき、首相にするつもりでした。GHQは戦後すぐの昭和20年（1945）10月10日、共産党員を中心とする政治犯500名を府中刑務所から釈放しています。

戦後の日本共産党の復興に大いに尽力したのが、日本生まれのカナダの外交官エドガートン・ハーバート・ノーマン（1909〜57年）でした。ノーマンは一貫してマルクス主義者です。アメリカの要請でGHQに出向し、昭和天皇とマッカーサー会談の通訳を務めたことでも知られています。

ノーマンは、（結局は左派知識人のみを大学に残すことになった）「公職追放」を実施したGHQ民生局次長チャールズ・L・ケーディス（1906〜96年）の右腕でもありました。さらに、日本国憲法の起草にあたった人物でもあります。

（中略）

日本での「2・1ゼネラル・ストライキ」の動きについて、アメリカ本国はGHQ民生局の関与を疑いました。そこでマッカーサーは「ゼネストの中止命令」を発し、ここにOSS「日本計画」にもとづくアメリカの「日本社会主義化戦略」は事実上、消えたのです。

（中略）

戦後の左翼リベラル、そして「左翼」がとれた後のリベラルは、日本国憲法を「平和憲法」と呼び、九条で実現されるべき「平和国家・日本」を理想化します。（中略）

ＯＳＳ「日本計画」は、天皇を利用して二段階革命の第一段階目を実現させるつもりでした。利用価値を知ってほくそえんだのですが、天皇の文化的伝統の強さを見損ない、失敗の可能性を見過ごしたのです。

「象徴」という言葉を使っていることが、その決定的な証です。（中略）象徴は、「日本の元首であること」と、「軍隊の最高指揮権・統帥《とうすい》権を持つこと」を消すための言葉です。

前章で引用した太田龍著『ユダヤの日本侵略４５０年の秘密』からも引用します。

日本人が左翼（共産主義、社会主義、共和制）と、保守（自由主義、天皇制護持、資本主義）とに分断させられてしまえば、自動的に日本の国体は、日本人自身の手で殺害されることになる。日本人自身が、日本民族の伝統、道統を破り棄て、日本民族であることそのものを悪として糾弾するシステムが作動する。

皇室そのものの内部に、自己を否定する仕組みをつくっておけばよい。
ユダヤは、占領中に最低限このシステムは日本民族のなかに植えつけなければならない、そして形式的に日本が独立を回復したあとも、日本民族を自動的に衰滅させるこのシステムが維持されるように、またはこのシステムを取り除こうとする勢力が現われても、それをつぼみのうちに摘み取ってしまうように、予防手段を講じておかなければならない。
この予防手段の中軸が、日本国憲法であり、講和条約締結後も継続している米ソの対日軍事占領である。

次に月刊『Hanada』2017年7月号に掲載された、髙山正之と渡部昇一の対談記事「日本国憲法は〝敗戦条約〟だ」から引用します。

渡部　いわゆる歴史認識問題では、日本に言論の自由は認められていません。世界史におけるアングロサクソンの勝利は、言論戦が寄与した面が大きかった。

渡部氏は博学でヒレア・ベロック著『ユダヤ人　なぜ、摩擦が生まれるのか』（中山理訳　祥伝社）の監修も務められたのですが、ユダヤに対する見方はやや甘いようです。というのは、世界史における真の勝者はアングロサクソンではなくユダヤであるからです。同対談からの引用を続けます。

髙山　ジョン・ダワー（マサチューセッツ工科大学名誉教授）は、米国が「軍国主義者に騙された日本人を民主化」する「歴史的にも前例のない大胆な企てに乗り出した」「マッカーサーのカリスマ性と米軍将兵の紳士的な振る舞いが日本統治を成功させた」と真っ赤な嘘を書いています。

調達庁の統計によれば、占領期、米兵によって十万人の女性が強姦《ごうかん》され、二千五百三十六人が殺されています。沖縄では六歳の幼女が強姦されて殺されています。小倉《こくら》市は朝鮮戦争時に一個中隊の黒人兵が三日間占領、略奪と強姦を繰り返しました。いまのイスラム国と似た状況でしたが、すべてが報道規制で闇に葬られました。

マッカーサーは終戦間際に、緑十字船の阿波丸《あわまる》を魚雷で沈没させた賠償金を日本政府に出させるため、無償供与だったガリオア・エロア援助を有償に切り替えさせた、あくどい男ですよ。彼は自分の滞在費も駐留米軍の費用も、すべて日本政府に出させました。東京裁判の費用も、検事の宿泊から遊興費まで、すべてです。

ここまでひどいマッカーサーの統治を、栄光のまま留めようとするのが米国の歴史学であり、メディアなのです。いまや日本を敗戦に縛りつける学問的支柱となったダワーの著作『敗北を抱きしめて』は、ピューリッツアー賞を取っていますから。

当時日本の新聞は、このように頻繁に起こった米兵による凶悪犯罪を報道することは、GHQがだしたプレスコード（日本に与うる新聞遵則）によって一切禁止されていたのです。引用を続けます。

髙山（前略）

GHQの仕事を見ると、まず日本が統治していた台湾、朝鮮、南洋諸島を没収し、永世中立国のスイスに対してまで膨大な賠償金を支払わせ、戦力不保持と交戦権放棄を明記したマッカーサー憲法を呑ませた。F・D・ルーズヴェルトは、憎い日本人を四つの島に隔離して衰亡させるつもりだったからです。

（中略）

彼（引用者注：マッカーサー）自身、まさに敗軍の将だったから、もう悔しくて、日本を目の敵《かたき》にして、インディアンにもやらなかったようなひどい仕打ちで、うんとみすぼらしく貶《おとし》めようとしたのでしょう。

彼の洗脳工作や手をつけた憲法、皇室、経済力、軍事力、さらには手を出そうとして失敗した靖國神社を見れば、日本が二度と歴史を取り戻さないようにする狙いがあったとわかります。

マッカーサーは日本を壊そうと散々いじくり回しましたが、元に戻るべきもの、日本が本来持っているいい要素はだいたい直り始めています。日本はルーズヴェルトやマッカーサーにあれほど憎まれながら、歴史の復元力で、いまだに滅びていません。それでも、憲法はじめ、まだ直せないでいる重要なものがいくつかあります。

マッカーサーは日本軍の進攻があまりにも凄まじかったために、部下の兵隊たちを置き去りにして、「アイシャルリターン」という言葉のみを残して、コレヒドール要塞から数名を伴ってさっさと逃げ出してしまったのです。そこで、そのような恥をかかせた日本軍を心底憎んでいたのです。同書よりの引用を続けます。

渡部　歴史を取り戻すという観点で大事なことは、敗戦国に対して恒久的な法を強いてはいけないという国際法があるのに、ＧＨＱは憲法を筆頭に、日本を壊すようなあらゆる立法を強いてしまったことです。

（中略）主権は占領軍にあったのに日本政府が作ったと嘘をついている新憲法の本質は、占領基本法です。

高山　もっといえば、敗戦条約です。戦力の放棄を筆頭に、〝米国との約束ごと〟を呑まされた対米条約ですよ。

だから戦後の日本人が何か政治的に新しい動きを起こすとき、いちいち憲法違反かどうかで騒ぐのは、米国が定めた「国としての制約」に反するのではないか、敗戦国として許されない、連合国に対する条約違反になるのではないか、と怖れる思考が身についてしまっているからです。

渡部　そう、日本国憲法の定めたことを絶対に守らなければいけない、約束ごとのようになっている。だから、主権がなかったのにあったようなことをいう憲法学者はけしからんと思いますね。

（中略）

渡部　（中略）

一定の時間を取って手続きし、新憲法を発布する。非常に簡単なことを難しくしているのも敗戦利得者であり、憲法学者から始まって憲法を称える人々、占領政策を称えて儲けた文化人、マスコミ、そして政治力に変えてきた護憲派左翼たちです。

日本国憲法はＧＨＱが押し付けたものであって、大日本帝国憲法（明治憲法）の憲法改正手続きに則っておらず、したがって現行憲法は無効であるという考えももっともなのですが、現在の日本では敗戦利得者たちの抵抗が大きすぎて、政府が現行憲法の廃棄宣言をすることなど到底不可能でしょう。しかし早急に憲法改正をしなければ、目前に迫り来る国体の危機を乗り越えるのが困難であろうこともまた確かなのです。

今こそ日本の庶民が、その底力を発揮して敗戦利得者たちの支配と抵抗を打ち破り、とりあえずは現行憲法に則っての憲法改正に動き出すべきでしょう。次に、また『ユダヤの日本侵略４５０年の秘密』から引用します。

昭和二十六年（一九五二）九月に調印されたサンフランシスコ講和条約によって、日本は形式的に独立国としての主権を回復した。しかしこれは、まやかしにすぎない。（中略）占領軍による新民法、刑法改正、新刑事訴訟法、教育勅語の廃止と新教育基本法、改正税法、その他もろもろの制度も脱ぎ棄てることができなかったし、東京裁判の判決も否定できなかった。

サンフランシスコ講和条約締結後70年近く経った現在においても、GHQに押し付けられたマッカーサー憲法（日本国憲法）のみならず、教育制度をはじめとする諸制度そして東京裁判史観から我々は脱却できずにいるのですが、日本の庶民がわが国本来のお国柄つまり汎神論の世界観を取り戻しさえすれば国体は安泰となるのです。

ところで2018年3月23日の各紙朝刊が、共産党の志位和夫委員長が22日の記者会見で天皇の即位儀式について語った内容を伝えていました。ここでは『毎日新聞』の朝刊の記事から引用します。

共産党の志位和夫委員長は22日の記者会見で、天皇陛下の退位に伴う新天皇即位の儀式について、憲法の国民主権と政教分離の原則に沿って見直すべきだと表明した。（中略）志位氏は、皇室に伝わる剣などを引き継ぐ「剣璽《けんじ》等承継の儀」▽新天皇が三権の長らにおことばを述べる「即位後朝見の儀」▽内外に即位を宣言する「即位礼正殿の儀」――が憲法で定めた国事行為にふさわしくないと指摘した。【野口武則】

現在の日本共産党は表向きには天皇制廃止論を封印して、穏健なリベラル政党を装っているようですが、この志位氏の表明からも明らかなように、日本国憲法の国民主権、政教分離の原則を盾に皇室と国民の分断を図り、やがては日本の国体つまり汎神論のお国柄を打ち壊す方針は変えていないのです。

6 「ユダヤ悪魔教」による日本侵略　その1

太田龍著『ユダヤの日本侵略450年の秘密』からの引用を続けます。

「ユダヤ」を普通の民族、普通の人種、並みの国家と見るかぎり、日本民族には、ユダヤの本当の姿は見えず、ユダヤの日本侵略の事実も見えない。（中略）

けれども、彼らの経典『タルムード』には、ユダヤ人（より正確にはユダヤ教徒）は人間であるが、非ユダヤ人は人間ではなく、動物であり、ゴイム（ブタ、けもの、家畜人《ヒューマンキャトル》）である、と記されているという。（中略）この発想が確固たる絶対的信仰となり、三千年ないし四千年ものあいだ、次第に増殖し、ついに世界の絶対的権力を掌握しつつあるとしたら、そして、この世界権力が今や日本民族にも取り憑いて、日本を滅ぼそうと企図しているとしたら、どうか。

これはこの本の「まえがき」からの引用ですが、ここで著者がわざわざカギカッコ付きでしますか。「ユダヤ」と表しているのは、これが本来のユダヤ民族つまりセム族を指しているのではないからです。では「ユダヤ」が具体的に何を指しているのかを、さらなる引用によって明らかにします。

ユダヤは通常の意味での人種でもなく、通常の民族でもなく、通常の国家でもない。そもそも、ユダヤ（Jew）からしてニセモノである。十九世紀の末、欧米のマスコミ・ジャーナリズムと学界を支配下に収めたユダヤは、反ユダヤ主義を反セミティズムにスリ替えることとし、そして彼らの握る情報機関を通じて、このペテン的用語を非ユダヤ人（ゴイム）世界のなかに無理無体に注入して（イノキュレート）してしまったのである。

つまり、ユダヤ人＝セム族とし、それゆえユダヤに反対することは、神の選民としてのセム族に反対することである、したがってユダヤに反対することは神に反逆し、神を冒瀆することである、という驚くべき図々しい屁理屈である。

（中略）

ユダヤの真髄（これを、本質と言ってもよい）は「悪魔教（悪魔《サタン》を崇拝する宗教）」というイデオロギー、教義、信仰である。

（中略）

筆者は「ユダヤ悪魔教」を「寄生的─ニセ─ユダヤ─パリサイ派─悪魔教─教団国家」という六つの用語から成る、完全な、そして正確な名称に対する略称として本書で使用することにした。

（中略）残念ながら、現代は、悪魔教ないしサタニズム（Satanism）、悪魔主義が全地球、全世界、全人類を蔽《おお》いつくしている時代なのだ。けれども、悪魔教に呪縛されている人びとにはそれがわからない。

つまり太田がこの書で単にユダヤ、あるいは「ユダヤ」で指し示しているのはセム族という人種ではなく、彼が「ユダヤ悪魔教」と名づけた悪魔主義の教団国家あるいは秘密結社のことだったのです。同書からの引用を続けます。

キリストが見抜いていたという「秘密結社」は、いわゆるバビロン捕囚時代に設立された「パリサイ派」とともにはじまる。（中略）

「彼ら」には、彼らの目的を秘密にしなければならない必然性がある。なぜなら、「彼ら」は三重の意味で他者を欺瞞《ぎまん》しなければならないからだ。

第一に彼らは、神（ここでは、ユダヤの伝統的な神エホバ）をだまさなければならない。（中

略）

第二に、彼らは同胞であるユダヤ民族（モーゼにはじまるユダヤ教を信仰する人びと）をだまさなければならない。

第三に彼らは、非ユダヤ人（ジェンタイルないしゴイム）をだまさなければならない（彼らが非ユダヤ人＝ゴイムを、やがて彼らの奴隷とし、家畜人《ヒューマンキャトル》とするつもりであること、ゴイムの財産を盗み奪い取るつもりであることを、あからさまにゴイムに公言するわけにはいかない）。

かくのごとき三重の欺瞞の上に、「彼ら」の存在が成り立っている。（中略）

キリスト教の精髄は、「マタイ・マルコ・ルカ・ヨハネ伝」という四冊の福音書（そのなかの一冊だけでもよい）にすべて記されている。（中略）

キリスト教の神髄は、イエス・キリストと悪魔の戦いであり、イエス・キリストと悪魔の子孫パリサイ・ユダヤとの戦いである。（中略）福音書では、はっきりと、悪魔はパリサイ派ユダヤ教集団という実在の人間集団と指摘している。

つまり太田の言う「ユダヤ悪魔教」とは、具体的にはパリサイ派ユダヤ教集団、つまり「神はユダヤ教徒だけのものであり、ユダヤ教徒以外は獣類《ゴイム》である」とする偏狭なユダヤ主義に凝り固まった者たちの集団を指しているわけです。次にその「ユダヤ悪魔教」による日本侵略の歴史を、同書からの引用によって概観してみましょう。

ユダヤ悪魔教が侵略の標的として日本を視野に入れたのは、十四世紀、元《げん》の宮廷勤務からイタリアに帰国したマルコ・ポーロから話を聞き、公刊された『東方見聞録』のなかの、黄金の国・ジパングについての記述であろう。

この時点から二百年後、十六世紀半ばには、早くも彼らの神国日本に対する侵略戦争の火ぶたが切られている。この戦争は一五四九年八月十五日のイエズス会の宣教師フランシスコ・ザビエル来襲から今日まで約四百五十年、一瞬の中断もなく続いている。

この対日戦争は、第一次（ザビエル来襲から十七世紀前半の家康・秀忠・家光と徳川三代をかけて構築された切支丹禁制と鎖国体制の完了まで約百年）、第二次（ペリー米艦隊来襲から西南の役まで二十五年）、第三次（日露戦争直後・第一次世界大戦末期から昭和二十七年四月のサンフランシスコ講和条約まで約四十余年）、そして第四次（昭和四十七年の田中内閣登場前後に端を発し、現在進行中の自民党崩壊まで。すでに二十二、三年を経過している）の計四波である。

以上の四つの大きな波を経たと見ることができる。もちろん、これらの大波の中間期も対日戦は、より低レベルにおいて続いていることを見なければならない。この四百五十年のうち、はっきりとした戦争状態が、合計八、九十年、そして一見平和に見える（低レベルの戦争）期間が二百六、七十年となろうか。

第一次戦争（天文十八年（一五四九）〜寛永十六年（一六三九））の主役は、

▼日本側は、徳川家康と徳川家、徳川幕府

▼ユダヤ悪魔教の側は、イエズス会

としてよいであろう。

第二次戦争（嘉永六年（一八五三）〜明治十年（一八七七））の主役は、

▼日本側は、孝明天皇

▼ユダヤ悪魔教の側は、イギリス系フリーメーソン駐日代表トーマス・グラバー

と見る。

第三次戦争（明治三十八年（一九〇五）〜昭和二十七年（一九五二））の主役は、

▼日本側は、昭和天皇

▼ユダヤ悪魔教の側は、ルーズベルト、トルーマン米大統領（いずれもフリーメーソンの最高級幹部）

としておく。

第四次戦争（昭和四十七年（一九七二）〜現在（引用者注：一九九四年））の主役はどうか。

これを明示し得る段階には、日本民族はまだ立ち至っていないようだ。日本側は、ほと

んど無抵抗で、ユダヤに好き勝手に弄ばれている。

これら四つの大波について、それぞれさらに詳しく見てみましょう。まずユダヤによる第一次対日侵略戦争について同書より引用します。

日本民族は、天文十二年（一五四三）八月のポルトガル船の種子島《たねがしま》漂着、そしてそれに続くフランシスコ・ザビエルらカトリック・キリスト教・イエズス会士の布教で、はじめて日本から見て極西の地ヨーロッパの存在を知った。（中略）

足利幕府は明国との交易を重視したので、必然的にその末期には、主として西南日本から相当の人びとが、国家としての日本の行動でなく、純然たる民間人の経済的活動として、東南アジア（フィリピン、インドシナ、インドネシア、タイあたりまで）に移住し、この地域に日本人町が成立した。

そして、それとほとんど同時に、ヨーロッパ白人の仮面を付けたユダヤ悪魔教が、アフリカ希望峰経由とメキシコ（新スペイン）経由の二つの道で東南アジアに到達した。彼らはいうまでもなく、それらの土地と人民の植民地的搾取と領有、人民の隷属化というはっきりした目的をもっていた。したがって当時、東南アジアに進出していた日本人は、まさにこの悪魔の白人（ユダヤ）と鉢合わせをしたことになる。
これらの白人は、ポルトガル、スペイン、オランダの仮面を付けたユダヤ悪魔教とその尖兵であった。イギリス、フランスはまだ姿を現わしてはいない。（中略）
ユダヤ悪魔教の第一次対日侵略戦争は、一期、二期、三期、四期と四つの時期に区分できる。一期（序幕、約三十年）の日本側主役は不在である、二期（前期、約十年）の日本側主役は織田信長である、三期（中期、約十年）の日本側主役は豊臣秀吉である、そして四期（終期、約五十年）の主役は徳川家康、そして徳川幕府である、と見なければならない。
（中略）
この戦いの第一期では、日本側の主役は、戦慄すべきことに不在である。日本の主役は誰もいなかったのである。つまりユダヤ悪魔教（イエズス会）は、この三十年は好き勝手、やりたい放題に日本で暴れまわっていた。（中略）
しかし、やがて戦国の世に「天下布武」の旗をかかげて日本統一に王手をかけた信長が出現した。信長は、イエズス会士をユダヤ悪魔教の謀略部隊とは知らずに、日本統一のためのコマの一つとして利用する政策を採用する（歴史作家八切止夫氏は『信長殺しの主犯はイエズス会』という説を立てているが）（引用者注：その説の詳細は、八切止夫著『信長殺し、光秀ではない』を参照のこと)。信長が舞台を去ったあと、秀吉は九州に出陣してはじめて、切支丹《キリシタン》に入信した大名の領地で切支丹が神社仏閣を根こそぎ破壊し、日本の人民を奴隷同様海外に売り飛ばしている事実を知り、切支丹禁止への第一歩を踏み出した。

イエズス会は秀吉にマインド・コントロールをかけ、うまうまと日本と中国(明)、朝鮮の戦争にもち込むことに成功した、と見られる。(中略)

日本民族にとって幸運なことに、信長、秀吉のあとに続く家康に、必要な寿命が与えられた。家康と秀忠、家光(草創期の徳川幕府)は、最初の五十年(一、二、三期)のあいだに日本列島に深く滲透し、根を張ってしまっていたユダヤ悪魔教の主力イエズス会を根絶することに成功した、と評価できる。(中略)

家康とその幕僚たちは、切支丹《キリシタン》の背後にユダヤ悪魔教が存在することを見抜くことはできなかったが、切支丹が日本民族を滅ぼそうと企図する妖教邪教魔教であることは了解した。

(中略)

家康以後、今日に至るまで、悲しむべきことに、日本民族はこの水準に達した政治家を有していない。家康は魔教切支丹・ヨーロッパ勢力との戦いの基礎、土台中の土台は、思想心理宗教戦であることを理解した。（中略）足利幕府時代に衰亡の一途をたどられるばかりの皇室と公家を再興し、皇室、公家、武家、社寺、庶民、神儒仏一致協力して、妖教切支丹を日本民族から根絶することを国策の根本に置いた。

（中略）家康は、切支丹の背後にひそむユダヤを見ることはできなかったが、彼に与えられるかぎりの情報を熟慮熟考して、日本の採るべき外交政策の基本は、鎖国以外にない、という結論に達したのである。

つまり、最終的には鎖国政策によってユダヤによる第一次対日侵略からなんとか国を守り通したのです。次にユダヤの第二次対日侵略戦争についてはどのように書かれているのか見てみましょう。

英国が清国に仕掛けた第一次・第二次アヘン戦争《オピウム・ウオー》と清国の敗戦によって受けた衝撃は、幕末の尊皇攘夷運動と明治維新の原動力となった、と歴史教科書には書かれているが、日本民族は、その表層のみを見て、厳重に秘匿された深層に一歩も踏み込み得ないまま、今日に至ってしまった。

（中略）アヘン戦争の背景、背後を知らなければ、日本民族はユダヤの第二次対日侵略戦争を総括することができない。そして第二次対日戦が整理できなければ、第三次戦も理解できず、いま進行中の第四次戦も五里霧中、目かくしされたままでいなければならない。

（中略）

十六世紀になると、カトリック（スペイン・ポルトガル）とプロテスタント（オランダ・英国）がインド侵略に着手するが、ここでも日本仏教界はつんぼ桟敷に置かれている。（中略）

当時、ヴェニスに発して全ヨーロッパの王侯貴族を「黒い貴族」の系列に組みこんでしまっていたユダヤは、インドに足がかりをつくるや、インド領内にできる産物のうち、もっとも儲けの多いものとして、アヘンに目に着《（マヽ）》けた。そしてユダヤは、まずアヘンを英国に持ちこみ英国民に買わせようとしたが、拒否された。イスラムにも拒否された。そこでユダヤのつくった英国東インド会社は、中国に狙いを付けた。インドのアヘンを中国に流しこむことによって、英国東インド会社を通じて英国の「黒い貴族」たちも莫大な富を得た。このアヘン貿易こそ、近代ヨーロッパ史のもっとも厳重に秘匿《ひとく》された章であると言われている（J・コールマン博士）。

またこのアヘン戦争に至る世界史的（つまりユダヤ史的）背景について、同書には次のように書かれています。

ローマ帝国はキリスト教を国教とした。のちに西ローマは滅びたが、ユダヤに対する強い警戒体制を敷くコンスタンチノープルを首都とする東ローマ帝国は生き残り、さらにまもなく、やはりユダヤの悪魔性をよく知るイスラムが勃興したために、ユダヤの策動は著しく抑制された。

少なくとも、古代のように、やりたい放題の大活躍は不可能となったのである。以来、ユダヤは「ゲットー」という名のユダヤ人居留区に閉じこもり、ここを基地として西洋のキリスト教、イスラム社会に対し、闇のなかからの襲撃、陰謀、謀略、秘密結社、黒魔術によって、いわばゲリラ戦を展開する。これが、五世紀からウィーン会議の行なわれた一八一五年までの約千四百年の概要である。（中略）

そして一八一五年、この年を契機にユダヤは勇躍ゲットーを飛びだして、猛然とヨーロッパやアメリカのキリスト教国、さらにイスラムをも全分野全戦線にわたって強襲する。ヨーロッパの事実上の皇帝となったロスチャイルド家は、この一八一五年に、ヨーロッパ各国の支配者をウィーンに召集した、といわれる。以上のようにミューリンズ（引用者注：ユステース・ミューリンズのこと。ユースタス・マリンズとも表記される）は説明している。

(中略)

ヨーロッパを手に入れ、アメリカに手をのばし、インドもメドをつけ、残るは二千年来の懸案の中国と、そして最後にジパング島である。中国にはすでに十八世紀末、東インド会社がベンガルのアヘンを持ちこみ、内部からの腐敗と解体を仕掛けていた。

(中略)

一八四〇年、大清帝国はようやくアヘンのおそるべき害に気づき、その輸入を禁止しようとしたのに、逆に英国海軍によって散々に打ち破られ、むしろそれを跳躍台として、英国は、香港、上海に牙城をつくり、清国の面目は丸つぶれとなってしまった。

それに続く太平天国の乱とは、そもそもなんであったのだろうか。中国の歴史に登場するおなじみの農民反乱の一種と見てよいのだろうか。

むしろ、それは、キリスト教を使ったユダヤの謀略と見るべきではなかろうか。(中略)

ユダヤは、積極的に中国人の内部に買弁資本家階級(コンプラドール)を見いだし、東インド会社などの手先・代理人となって中国を収奪させて、いくらかの手数料を与えるという階級を育成しはじめた。その最大なるものが、のちに宋一族の浙江《せっこう》財閥に成長した。

その頃（実は現在に至るまで殆どそのままなのですが）、わが国はそのような世界史つまりユダヤ史をまったくと言っていいほど理解できていなかったのです。引用を続けます。

一八一五年、オーストリアの首都ウィーンで世界史を凶の方向に変える超重要な国際会議が開かれたとき、徳川幕府は何をしていたであろうか。幕閣は、その会議の存在そのものを知らなかったのではなかろうか。（中略）

当然、幕府は、一七一七年にロンドンに設立された英国系フリーメーソンのことも、一七七三年にドイツ・フランクフルトでロスチャイルド（初代）主宰のもとに召集されたユダヤ・イルミナティ十三人評議会のことも、そして、このユダヤ高級指導部の指令によって、ヴァイスハウプトが一七七六年に組織したイルミナティも、このイルミナティがフリーメーソンを使って演出したフランス大革命も、それに続くナポレオン戦争も、そして独立したアメリカ合衆国のなかにひそかに仕掛けられたフリーメーソン、イルミナティの謀略も、そして最後に、一七九七年に出版された、英国ロビソン教授の『陰謀の証拠』も、その他、日本民族が是非とも知っておかなければならない必要最小限の知識情報も、なにひとつ知らなかったはずだ。

十八世紀にヨーロッパのユダヤは、彼らの「ジェンタイル・ホスト（gentile host）」（ユダヤが寄生して血を吸い取る対象となる非ユダヤ人のこと）を支配する新しい技術を完成した。すなわち株式会社、銀行、証券取引所である。（中略）

ユダヤの搾取と収奪から逃れようとして、英国のキリスト教徒が北米に移住し、そこにイエス・キリストの教えに準拠した国を打ち立てると、ユダヤも急いで新たな宿主に寄生すべく、北米に渡った。（中略）

アメリカ合衆国をユダヤの絶対的独裁体制下に置くことは、十九世紀のユダヤそして世界政治の主要なテーマであり続けた。（中略）彼らの対日戦略の基本は、日本民族の分断と分裂に置かなければならなかったのである。それには、互いに抗争する二派を、背後でユダヤが操作する、という両建て謀略が理想的だ。そのためには、日本の内部に、できるだけ多数のユダヤの手先、エージェントを手なづけ《ママ》、飼いならしておく必要がある。さらに日本と中国（清国）を戦わせ、日本と朝鮮を戦わせるように舞台を設定しなければならない。

次に同書より、ユダヤによる第二次対日侵略戦争の後半（幕末期から明治初期）についての記述もかいつまんで引用します。

もし、幕府がフランスの煽動に踊らされ、フランス→幕府軍、英国→薩長軍の大流血長期戦となれば、ユダヤは労せずして日本民族を隷属化し、その上に君臨することができたであろう。

（中略）いよいよ事態はユダヤの周到な計画どおり、孝明天皇は暗殺、薩長対徳川の、日本民族を真っ二つに割る大内乱の幕が切って落とされようとした。（中略）

筆者は、この土壇場で龍馬が、日本の内乱を演出し、それを足がかりに日本植民地化を図るフリーメーソンの謀略に気づいたのではないか、そして、この秘密を知った（あるいは感づいた）日本人が、幕末に少なくとも他に二人いた、と推察している。

その二人とは、徳川幕府方の勝海舟、そしてもう一人がほかならぬ、徳川十五代将軍を継いだ徳川慶喜である。この二人が策謀を見破り、幕府と薩長の内戦の危機を阻止すべく、ついに慶応三年十月十四日、朝廷に大政奉還を上奏した。

（中略）

ニセ官軍側の総大将の位置につけられた西郷隆盛は、どうやら、このいわゆる戊辰《ぼしん》（引用者注：引用元の戊辰《ぼしん》を訂正）の役の過程で、事の真相の一端に気づいたようだ。（中略）

戊辰戦争を指揮した西郷隆盛は深く後悔し、憂いに包まれた。（中略）

大久保・桂（木戸）・岩倉の逆賊三人組は、ユダヤ・フリーメーソン駐日総代表グラバーの手駒である。西郷は、このことに気づいたようだ。かくなる上は、神武の武力をもって奸賊大久保とその一党を討伐し、神国日本の国体を明徴させるほかない。

(中略)

明治十年(一八七七)の西南戦争を、内戦、と見てはならない。もしも、それが、欧米ユダヤの意図的政策的介入のない純然たる日本民族の内部の出来事であれば、西郷軍の圧倒的戦勝で終結していたことを、日本民族はもちろんのこと知らなければならない。

(中略)

一八七七年から翌年にかけて、ユダヤ悪魔教(三百人委員会)は、アメリカを片づける大仕事、南北戦争を終え、ユダヤの日本支配に抵抗している西郷の一党を取り除くという日本問題の処分をなし得る条件を有していた。(中略)つまり、西南の役は、逆賊大久保を使った、ユダヤの日本撃滅戦争として組織されたのである。

(中略)

西郷軍は敗れ、西郷隆盛は城山で切腹した。

しかし西郷は、その出処進退、その死のいさぎよさで日本民族の魂となった。

(中略)明治天皇は後年、西郷の名誉回復を命ぜられた。(中略)

日露戦争の勝利ののち日本は、半世紀かかって安政不平等条約を完全に撤廃することができた。

(中略)

西南戦争の西郷失脚によりユダヤ・フリーメーソンは、学界とジャーナリズム界、財界をほぼ手中に収めた。(中略)大久保・木戸亡きあとの日本は、英米仏の従属国に甘んずることなく、ドイツを国家モデルとしてしまった。(中略)

ここにユダヤは、日独両国をユダヤ世界帝国建設のための主要障碍《しょうがい》民族として策定し、その全面的なる転覆と「処罰」を決意することとなったのである。

「彼ら」は、英米仏のみでは日独に対する侵撃を確保し得ないと見て、のちに帝政ロシアを打倒し、無神論共産主義という名のユダヤ独裁国家をロシアに打ち立て、このロシア共産帝国と英米仏を連合させ、日独を屈服させる世界戦略を構想した。

(中略)

明治六年、日本政府は、欧米ユダヤの強圧に屈して、ついに万《(ママ)》やむを得ず、切支丹《キリシタン》を解禁した。(中略)日本民族は、思想戦・心理戦・宗教戦において敗れていた。ユダヤ・パリサイ派を中心とする悪魔教のつける無数の仮面が、文明開化大流行の自由主義・民本主義・功利主義・社会主義・個人主義・人権主義・資本主義・金権主義・唯物主義等々であることを見抜き、それを論証した思想家が一人も出なかったとは!

太平天国の乱は、一八五〇年から一八六四年までというから、わが国の幕末維新の時期とぴったり重なる。（中略）そして日本は、その二の舞を演じてはならないことを、徳川慶喜、勝海舟、西郷隆盛、坂本龍馬らは理解した。

けれども、誰一人として、この大乱がキリスト教を利用したユダヤ悪魔教によって演出されたものであることを洞察し得なかった。

ユダヤは、次の手を打ってくる。すなわち、中国と日本と朝鮮を分断し、この三国を争わせ、互いのあいだに憎しみの種子を蒔《ま》くことだ。西郷は彼らのこの汚い謀略を主観的に見抜き、誠をもって朝鮮、清国の要路者に説こうとしたのである。

ユダヤは大久保を使って西郷を潰し、西郷に「征韓論者」という虚偽のレッテルを張りつけた。

『ユダヤの日本侵略４５０年の秘密』よりの引用をここまで読まれた方は、今まで学校で教わってきた歴史の見方とはまるで違う、このような歴史の見方つまり歴史観にはきっと戸惑われていることと思います。しかしユダヤ主義者とその手先たちが、世界中で行ってきた他民族に対する侵略、暴虐、殺戮、搾取、強奪、植民地支配、奴隷化の歴史を素直に見れば、こちらの歴史観の方が正しいことはすぐにわかります。ユダヤ主義者そして知らず知らずにその手先にされているリベラルは、史実に拠《よ》ってこの歴史観に反論することができないので、「陰謀史観」や「歴史修正主義」といったラベルを貼ることでこの歴史観を封じようとするのです。

そして問題は、ユダヤ主義者によるこの陰謀は現在も進行中である、というところにあります。次章では、日露戦争から現在に至るこの陰謀の動きを見ることにします。

7 「ユダヤ悪魔教」による日本侵略　その2

前章に続き、太田龍著『ユダヤの日本侵略450年の秘密』からの引用をもとに考察します。

フリーメーソンの公的記録では、日清戦争（明治二十七〜八年）、日露戦争（明治三十七〜八年）は、メーソンによって合法的と認定されている（山石太郎著『フリーメーソンは世界を救う』たま出版刊）（引用者注：引用元の千石太郎著『フリーメーソンが世界を救う』を訂正）。

今日の日本人はほとんど忘れているが、この二つの戦争のあいだに、明治三十三年（一九〇〇）の北清事変（義和団事件とも呼ばれる）がある。

（中略）欧米は日本にも出兵を要求し、日本はこれに応えた。これが大筋である。

（中略）

ユダヤにとって、そもそも日露戦争は彼らの掌《てのひら》の上のゲームでしかなかった。（中略）日本という便利な番犬を使役して、ユダヤはロシアに傷を与え満州を手に入れるというも

のだ。（中略）
ドイツ陸軍ならびに英国海軍に学んだ日本陸海軍は、世界中、誰一人として夢想もしなかったような大勝利をこの日露戦争において収めた。この奇蹟的大勝が、ユダヤの計算を狂わせてしまったのである。日本は勝ちすぎた（やりすぎた）。（中略）トルコ、インドをはじめユダヤ（白人西洋）に虐《しいた》げられているすべての有色人種が、黄色人種日本の勝利に歓喜した。（中略）
しかも、小村寿太郎外務大臣は、ユダヤ資本の満鉄買収要求をはねつけた。さらに小村外相は、フリーメーソンを非合法化し、日本人のメーソン加入を禁じた。メーソンは以後、警察の監視下に置かれることになった。日本はユダヤのヒモを断ち切ったのである。（中略）日本人に対する次の戦争が宣戦布告されなければならなくなったのである。

日本国憲法の第二十一条に「結社の自由を保障する」旨の記述がありますが、これは二度とフリーメーソンを禁止させないようにするために、GHQによって条項につけ加えられたものであありましょう。

明治三十八年（一九〇五）、日露戦争の勝利によって日本は、半世紀かかって安政不平等条約の一切の痕跡を抹消し得た。日本は、ようやくのことで独立を回復することができたのである。そして、小村外相はフリーメーソンを禁止した。だが残念至極、小村は日露戦争終結後、過労の余り、はやばやと病死した。（中略）児玉源太郎陸軍大将も同じく過労で死去した。（中略）「独立回復」は、ペリー以来、全日本民族の熱望であったはずだ。

しかしユダヤにとっては、そうではない。日本は鎖を切って逃げだした猛獣である！（中略）ユダヤにとって、ユダヤの支配下にない真の意味の「独立国」「独立民族」など、存在してはならないのである。（中略）

かくして、この目的のもとに、ユダヤの第三次対日侵略戦争が発動されたのである。（中略）表向きは、封建的軍国主義から日本を「解放」せよ、日本を「民主化」せよ、日本国民に平和と自由と平等と愛と人権を、日本にイエス・キリストの福音を、日本をキリストに（実はユダヤ悪魔教に）奉献しなければならない、日本を国際化せよ、日本に真の民主主義革命を――などとされなければならない。

ユダヤ（三百人委員会）の対日侵略戦争は、日露戦争直後、ポーツマス講和条約締結と小村のユダヤ米資本満鉄買収拒絶のあと開始された。（中略）それからわずか三十五年後の昭和二十年八月に、世界で唯一、ユダヤに支配されず、ユダヤに対して独立を保持し得た大日本帝国は、滅びた。（中略）

明治天皇の崩御からわずか二年後にすぎない一九一四年（大正三）七月末、セルビアにおけるオーストリア皇太子暗殺に端を発した戦火は、あれよあれよという間もなく、ドイツ、オーストリア両国と英・仏・ロシアの大戦争に発展し、アメリカも事実上英仏側に立って敵対した。

このとき英国は日本に対して、日英同盟条約（同盟とは、軍事同盟を意味する）に依拠して、ドイツ、オーストリアに宣戦布告することを要求した。（中略）大日本帝国憲法もドイツから学んだ。学術全般と官僚行政組織もドイツ第二帝国を範とした。そのドイツを敵としなければならなくなったのである。

（中略）第一次大戦の最初の二年半は、日本にとっていうことなしの好いことずくめの日々と見えた。一九一七年（大正六）二月、「ロシアに革命起きる」の報道が到着するまでは。

（中略）このいわゆる「ロシア共産革命」は、対岸の火事であるどころか、

(1) 外からは、日本軍をシベリアに出兵させるという米英の要求として、

(2) 内からは、ロシア革命に刺激され、労農ソビエト・ロシアを日本の労働者農民の祖国と本当に思い込む共産主義者の運動が日本のなかに根を張る、

という形で日本を直撃した。いや、ロシアだけではない。大日本帝国がお手本としてきた

ドイツ帝国そのものが、大戦末期の一九一八年十、十一月の革命で転覆、社会民主党中心の共和国になってしまった。

つまり日英同盟は、日本を利用してロシア帝国やドイツ帝国を衰退させて、ロシア革命や十一月革命（ドイツ革命）を成功に導き、ひいては両国をユダヤの支配下におくという目的を果たすために結ばれたのでした。

いわゆる東京裁判（米・英・ソら連合国の極東軍事裁判）は、日本の国家指導層が侵略戦争のための共同謀議を行なった、と主張したが、かくのごとき共同謀議は存在しないのだから、立証され得ない。

日本は、日露戦争直後から三十数年、ユダヤ地下世界帝国の仕組んだ日本撃滅大構想に沿って、米軍による日本全土占領という終点に向かって無自覚のうちに追いこまれていくのであるから、日本側は一瞬も主導性を手にしたことはない。

（中略）

岩倉・大久保亡国政権は、東京帝大の前身をはじめすべての国立高等教育機関創設を、御雇い外国人にゆだねた。

この外国人は、国籍は英・米・仏・独を主力とするが、その実態はことごとくユダヤ人ないしフリーメーソン人脈（つまり、人工ユダヤ、ユダヤの道具）である。

（中略）

大久保ニセ政権は、ユダヤ人そのものを役人や教師にしたわけではないが、ユダヤ人とユダヤの手先メーソンに、日本の官吏と教師の原点をゆだねた。したがって、日本人の気づかないうちに、日本政府の官僚も、日本の学者、したがって教師も、陸海軍の将校も例外ではなく、ユダヤ悪魔教に洗脳されるシステムが出来上がってしまっていた。

あるいは、逆に、ユダヤ悪魔教に洗脳されていないかぎり、明治・大正・昭和の日本の各界で立身出世することができないことにされていた。

したがって大正末期、日本民族の先覚者が、ユダヤの世界征服謀略に気づきはじめるやただちに、ユダヤ地下世界政府は、洗脳された知識層および国家中枢と天皇周辺に張りめぐらされたユダヤの工作員《スパイ》網を動かして、極力この対ユダヤ認識が日本民族のなかに広がらないように体制を建て直した。

これは、彼ら（ユダヤ）にとっては死活的重要性を有する課題であったろう。

彼らの戦術は次のように打ち出された。

(1)　ユダヤの謀略の本筋を突いてくる、ごく少数の尖端部（四王天中将のような）は、これを、上（天皇陛下周辺）からも、横からも、下からも、右からも、左からも、徹底的に抑えつける。

⑵　確乎たる信念をもたないあやふやなユダヤ研究家は、甘言を弄して、または脅迫をもって本筋からワキ道に誘導する（たとえば日ユ同祖論、ユダヤ利用論、ユダヤ過少評価論等）。

⑶　マスコミ・ジャーナリズムと学界を、ユダヤ陰謀論を狂人の妄想として一笑に付すように誘導する。

⑷　日本主義、皇道主義、「天皇主義」をおだて上げ、ユダヤを一視同仁《いっしどうじん》、あたたかく迎え入れるのが真の日本主義、天皇の御仁慈《ごじんじ》である、などという理屈にもっていく。

⑸　英米などの列強こそ日本の主たる問題であって、ユダヤはこれら列強に使われているだけの弱小民族にすぎない、と思いこませる。

⑹　ユダヤ教とキリスト教を「ユダヤ・キリスト教」と一つにくくれるもののごとくに見せる。

⑺　石原莞爾のような、あり余る才気と自信を抱く軍人には、ユダヤの存在を抹消した妄想的世界戦争論の哲学を与えて、良い気にさせておく。

これこそ、日本民族をペテンにかけるべくユダヤの用意した最後の切り札、といえよう。

そしてこれらのペテンは、その後も解かれることはなく、いま現在も有効に作用し続けているのです。そのために、理系の学問の世界においても、特殊相対性理論、ダーウィニズムや無限集合論といったユダヤによるペテン理論が、今なお侵されざる正統理論の地位を保ち続けているのです。

第一次世界大戦の主目的は、共産党を使ってロシア正教の国・ロシア帝国を打倒し、ロシアのキリスト教を絶滅させ、英・米・仏の金権資本主義と両建てで、世界奴隷制帝国の実現に王手をかけることである。（中略）

この目的を遂行するために、ユダヤ世界帝国はレーニン、トロツキー一派を権力につけた。ロシア共産政権の指導者三百十二人のうち三百十人はユダヤ人といわれている。彼らは、敗戦国ドイツに天文学的賠償を課し、国家権力をユダヤで独占し、超インフレを起こしてドイツの資産をあらかたユダヤのものとし、他方では、ドイツ民族主義を煽動して第二次世界大戦に至る導火線に火を付けておいた。

ユダヤは、明らかに日本民族の反発力を過小評価した。彼らは、

(1)　まず、共産主義イデオロギーをアメリカとソ連の両方から日本に持ちこみ、階級闘争を激発させ、（中略）収拾のつかない内乱状態に持ちこむ。

⑵ 国際軍縮条約なるもので日本を武装解除しておく。
⑶ 中国と朝鮮を煽動して、日本を中国大陸での泥沼的戦争に引き入れ、国力を消耗させる。（中略）
⑷ 米・英・ソは、日本が絶対に呑めない最後通牒を突きつけ、さらに米国は石油の輸出禁止など日本を経済封鎖し、自暴自棄的に米・英・ソに開戦せざるを得なくさせる。
⑸ かくしてユダヤは、（中略）日本を粉砕し、武力占領の目的を達成することができる。
という程度に考えていたのではないか。
（中略）

第二次世界大戦を演出したユダヤが、この戦争で達成しようとした目標は、
⑴ ソ連を中心とした大共産世界帝国の建設、米ソ両建てによる世界分割。中国は、中国共産党に与えることが予定されていた。
⑵ 反ユダヤの核たるべきドイツを、完膚なきまでに打ちのめし、二度と反ユダヤの国家がヨーロッパに出現できないように釘を打っておく。
⑶ イスラエル建国を達成し、イスラムとキリスト教の対立をエスカレートさせ、イスラムを抹殺することを目標とする第三次世界大戦のタネを蒔く。

⑷　国際連盟を数段発展させ、民族国家の死滅と世界奴隷制帝国に大きく前進する。
⑸　この戦争を通じてアメリカ合衆国の死滅、という目標を、おおむね、なしとげる。
⑹　この戦争の過程で、キリスト教会の死命を制するところまで追い詰め、ローマ法王庁を最終的にユダヤの手中に収める。

以上の六点であって、本来、日本問題は、これらの主要命題に従属する補助的要点でしかなかった。（中略）アジアの主要問題は、中国をソ連共産帝国の一部に取りこみ、共産主義を通じて中国人をユダヤの配下に置くことにある。

（中略）

戦国末期、イエズズス会（ユダヤの尖兵）は、日本を武力で占領する意志は有していたが、その条件がまるで存在しなかった。幕末期、ユダヤは絶対的に優勢な海軍力を日本列島に差し向けることはできたが、日本全土を占領するに足る陸軍兵力（少なくとも数十万人）に欠けていた。

三度目に、ユダヤはついに米ソをそっくり己のものとなし得て、この両国の武力で日本を占領することに成功した。これは彼らにとって、大いなる勝利であった。

だが、日本は手強い！　日本という民族は不気味な力を秘めている！

（中略）

日本民族は、このさい跡形もないまでに抹殺しておく必要がある、とユダヤ指導部は判断したであろう。さもないと、いつの日かよみがえって、ユダヤ悪魔教の正体を見破り、ユダヤの霊縛を断ち切ってしまうかもしれないではないか。手品のタネがバレてしまえば、黒魔術の上に構築されたユダヤ世界帝国の全建築物は、一夜のうちに消滅するほかないからだ。（中略）日本側は「国体は護持された」と解釈し、降伏した。

（中略）

それにしてもユダヤは、一九一〇年を起点とすれば、三十数年のうちに日本という「獲物」を、計画どおり、かくのごとき逃げ場のない死地に追いこんだのである。まさにこれは、彼らにおいては「ゲーム」である。（中略）

ドイツを破り、日本も首尾よく降伏させ得たユダヤは、一九四六年にアメリカ滅亡のための対米戦争を開始した。（中略）
米ソによる世界分割の局面を経て、ユダヤの絶対専制の世界帝国へ。そして愚かなゴイム（野獣）たちの目には、米ソの冷戦、米ソ間の第三次世界大戦迫るというまやかし、八百長のケンカをしばらくのあいだ上演しておく。（中略）

一九五四年に「沈黙の兵器」による静かな（音もなき）第三次世界大戦を宣戦布告、その最初の主職場をアメリカに定めた。（中略）そして、この戦略目標のためにこそ、朝鮮戦争、ベトナム戦争が用意され、黒人公民権運動、麻薬戦争によってアメリカの社会秩序の荒廃が組織される。

この動きに気づいて、それに抵抗せんとしたケネディ大統領は、一九六三年（昭和三十八）十一月、見せしめとして公衆の面前でユダヤの国際テロ部隊によって射殺されたのである。

日本（そしてドイツ）の工業は、アメリカの工業力の破壊のためにユダヤによって利用された。

（中略）

一九五〇年から六〇年代にかけて、ユダヤ指導部は「アメリカ人のなかのキリスト教の影響力を根絶させ、すべてのアメリカ人をユダヤの家畜人《ヒューマンキャトル》と化すというアメリカ処分作戦」に全神経を集中した。

アメリカはWASP《ワスプ》つまりアングロサクソンが主導するキリスト教国だと思っている人も多いと思いますが、実は現代アメリカはネオコンと呼ばれる金融ユダヤ勢力が牛耳る国になっているのです。

ユダヤの第四次対日侵略戦争は一九七二年前後に宣戦布告された。

しかし、ユダヤにとって「日本処分」問題は、新世界秩序（世界人間牧場）づくりを目ざす彼らの全般的世界戦略の一部にすぎない。この世界戦略を立案し、実行する無数の国際的世界的謀略秘密組織が、何段階にもわたって組み立てられている。日本民族はこの謀略について何一つ真相を知らされることなく、ユダヤの流す虚偽の宣伝で洗脳されている。

（中略）

第四次侵攻時代――ここにおいて日本民族は、敵をまったく見失ってしまった。

（中略）日本民族は、驚嘆すべき忍耐力で、ただひたすらじっと耐えている。ユダヤにとって、これはきわめて不気味だ。

（中略）

ユダヤの第四次対日侵略戦争は、何よりもまず、そして主として宗教戦争である。その戦争目的は、日本民族の伝統的宗教、そしてより包括的には、日本人の世界観、宇宙観、いや、日本民族の言語体系、言霊《ことたま》の完全な破壊にあると思われる。

（中略）

いまやユダヤは、日本民族の精神構造のいっさいと、そこから構築される日本文明、日本型文明を粉微塵《みじん》に粉砕する世界観戦争を発動しないわけにいかない。これは、宗教戦争であると同時に、文明の衝突、文明間戦争に発展すると思われる。

（中略）

つまり、早い話、日本は日本型文明を捨て、日本的パラダイムを廃棄し、日本的宗教、世界観、そして日本的文化の一切をみずからの手で葬り去らねばならない。そうすれば、日本を西欧の仲間に入れてやろう。（中略）

ここに「西洋文明」と称されるものは、本当はユダヤ悪魔教に乗っ取られ、ユダヤ地下世界政府（三百人委員会）に支配されている、つまりユダヤに寄生され、ユダヤに占領され、ユダヤによって破滅させられつつある欧米諸国を指している。

理神論に基づく西洋文明つまりユダヤ思想は、日本の汎神論の世界観を心底恐れています。ヒューマニズム（人間中心主義）も実は理神論の思想であり、汎神論を否定する道具として造り出されました。この思想の背景にはユダヤの選民思想があり、従ってこれはユダヤ中心主義すなわちユダヤ主義そのものに他ならないのです。

首尾よく徳川幕府を倒し、西南戦争で反欧米的西郷軍を一掃したあと、ユダヤ・フリーメーソンは、日本に英国型憲法または米・英・仏三国をまぜ合わせたような憲法体制をつくらせるつもりであったのに、当時の日本の指導層はこれを拒否し、プロシャを範とする大日本帝国憲法を教育勅語と一組にして発布した。

ユダヤ・フリーメーソン陣営にとっては、これは許しがたいユダヤ世界奴隷制帝国への挑戦であり、犯罪である。これは罰せられなければならない?!

（中略）

かくして、広島、長崎への原爆投下は、世界最悪の犯罪国家日本に対する正当なる懲罰であるという詭弁が堂々と主張される。

（中略）ユダヤが第四次対日戦争で勝利して、日本再占領に成功したならば、彼らは有無を言わせず、天皇・皇室をキリスト教化し、皇室と伊勢神宮および神道との関係を切断するであろう。（中略）

J・コールマン博士は、「ローマクラブ再論」（一九九三年）という論文において、ローマクラブは、新世界秩序（世界人間牧場の意）を運営する三百人委員会の執行部（エクゼキュティブ）であるとしている（一三ページ）。

（中略）

コールマン博士によれば、ローマクラブ（三百人委員会）の地球人（過剰人口＝ムダ飯食い《ユースレス・イーターズ》）大量殺戮処分計画は、少なくとも功利主義で有名な十八世紀末から十九世紀初頭の英国の哲学者、急進自由党の指導者だったジェレミー・ベンサムにさかのぼり、さらにH・G・ウェルズ、バートランド・ラッセルに受け継がれた、のだそうだ。

（中略）

ただ、日本神界、というよりも、地球上に唯一、今日まで維持されてきた日本列島の神界のみが、ユダヤを生んだこの地球の魔界を冥伏《めいぶく》せしめ得る、と筆者は見ている。それゆえにこそ、日本民族の九九％は、いまに至るまでユダヤの仮面としてのキリスト教徒になってはいない。

（中略）

「反ユダヤ（反セミティ）」というレッテルを貼りつけることが、なぜかくも奇怪な、抗しがたい魔力をもつのであろうか。日本民族は、いま、この謎を解明し得る地平に達しつつある。（中略）

ユダヤ民族は、地球上の他のすべての民族、人種、国家、宗派、およびすべての他の人間集団を必ずユダヤの家畜人と化してみせる、と計画しているという意味で、根本的に異質である。（中略）

だが、日本がこの「敵」を発見し、真の日本文明構築の使命に目ざめたからには、ユダヤ問題は解決されるであろう。（中略）
ユダヤの第四次対日侵略戦争が、ユダヤの勝利、日本の敗北のうちに終結寸前、と見えたその瞬間、状況が一変した。しかし、ユダヤの土俵と枠組のなかで、ユダヤに逆襲も、反撃もしてはならない。（中略）
そこで必要となるのは、「歴史修正」の作業である。ユダヤによって刻々と偽造されつつある世界史を修正する地道ないとなみである。（中略）
今日のごとき世界のマスコミと学界のユダヤ独占は、一朝一夕にできたものではない。

そもそも間違った理論や歪められた事実を正していくのが学問であるはずであり、一切修正をしてはならないというのでは、それは偏狭な宗教の教義でしかありません。現在の歴史学界で歴史修正が許されない、そして物理学界で相対性理論批判が許されないのは、歴史学界や物理学界が偏狭なユダヤ主義者（つまり理神論者）によって牛耳られているからであるに違いありません。引用を続けます。

彼らのこの驚くべき、そして恐るべき悪のエネルギーは、彼らの悪魔崇拝から出てくる。

すなわち、イエス・キリストがユダヤ・パリサイ派に対して「汝ら、悪魔の子」（「ヨハネ伝」）と言われたことの意味を、いま、われわれは十全に了解し得る。

（中略）

彼らにとって、崇拝の対象たる「神」は、実は悪魔（ルシファー）である。つまり、悪に徹すれば徹するほど彼らの神（実は悪魔）の意にかなう、という仕組みになっている。そして彼らの相手、すなわち日本民族を根こそぎ滅ぼして奴隷、家畜人《ヒューマンキャトル》に飼いならそうとしている。

（中略）

訳のわからない敵を相手にして、これまで日本民族は四百五十年、いいようもない悪戦苦闘を続けてきた。いや、そもそも日本民族とユダヤでは、「神（そして仏）」について完全に異質な認識を抱いているらしい。

ということは、宇宙観についても、世界観についても、人生観についても、およそ共通性がないことを意味するわけだ。

少なくとも、次のことは言える。すなわち、

(イ)　日本民族には、ユダヤを侵略するというような意思は毛ほどもなかったが、

(ロ)　ユダヤの側には、日本民族を（全世界のすべての民族をも）侵略する明確な意思と行動

計画が存在する、
ということである。

日本民族はそもそも汎神論の宇宙観をもっており、「死んだら終わり」などと考えはしなかったし、他民族を侵略しようとしたこともなく、逆に植民地解放を目指したのです。しかしユダヤは汎神論を否定し「神はユダヤ人だけのものである」とする選民思想によって侵略を正当化するのです。


ユダヤの「侵略」は、しかしながら、通常の侵略と同じものではない。それは、「寄生」である。しかし、この「寄生生物」は、普通の「寄生生物」とも違う。

ユダヤという寄生生物は、宿主である他の民族に取り憑くと、文字通り主客転倒して、寄生者が宿主の主人になる。すなわち、もともとの宿主が寄生者の奴隷にされてしまうところまで事態が進行する。

（中略）

ユダヤの宗教も、とてつもなく変わっている。そこでは、ユダヤが信じる対象もまた、本物の神への寄生者である。ユダヤの崇拝する対象は、他の民族から見れば、悪魔である。

（中略）

悪魔は、神仏を破壊し、神仏を盗み、神仏をペテンにかけることすらできる。しかし悪魔には、秩序を維持することも、万物を生成発展させることもできない。

（中略）日本民族は、今、ユダヤに取り憑かれて壊滅の道をたどった古代エジプト、古代バビロン、古代ペルシャ、古代ギリシャ、ローマ、そして近世以降のヨーロッパ、アメリカ、アフリカ、インドなどの諸民族の歴史の真相を突きとめた。少なくともその端緒をとらえた。

「ユダヤ主義（ジュダイズム）」つまり太田龍言うところの「ユダヤ悪魔教」が真に悪辣《あくらつ》であるのは、ユダヤ教徒以外に無神論（唯物論）を押しつけて彼らの自然観や宗教を棄《す》てさせ、神を独占しようとするところにあります。リベラルが主張する政教分離やポリティカル・コレクトネスもその目的の為に利用されます。つまり公立の学校で『古事記』や『日本書紀』に記されたような自然観、歴史観、つまり日本古来の汎神論的世界観を教えることも批判の対象にするのです。デカルト、ラプラスらによる唯物論的で機械論的な世界観に基づく近代科学も、汎神論を攻撃するために利用されてきました。しかし現代科学は生命、進化そして意識のメカニズムを解くことは全くできず、またそれらを人工的に創出することもできません。なぜならそれらは私達自身に関わる事象であるために、論理的に解明しようとしても自己言及のパラドックスによる矛盾が生じてしまうからです。デカルトの物心二元論は、「我思う、ゆえに我あり」という自己意識の存在宣言を出発点に置き、次いでその自己意識が五感を通じて覚知できる物質の実在性を認めるというものです。ところが唯物論では「意識は物質が生み出す」ということになってしまい、本末転倒すなわち自己撞着に陥ることになります。また現代物理学は、宇宙の95％は五感で覚知し得ない暗黒物質と暗黒エネルギーから成っており、デカルトが認めた物質はこの宇宙の５％を占めるに過ぎないとしています。つまり唯物論は間違っており、この世界は汎神論の世界であって、肉体が死を迎えた後も意識が消滅することは決してないのです。

8 宇宙は神であった

ノートルダム清心女子大学教授を務める理論物理学者の保江《やすえ》邦夫が著した『ついに、愛の宇宙方程式が解けました』の「**プロローグ――空間を友とする生き方**」の末尾部分を引用します。

読者諸賢におかれては、最後まで読み通されたあかつきには、「空間を友とする」ことで空間に護られ、幸運に恵まれるようになったご自分を見出していただけるに違いない。人類の多くが「空間を友とする」ことで、調和と平安に満ち充ちた世界が実現される日も遠くない。

そして、このことをすでに何十年も前に、看破していた哲人がいた。今は故人ではあるが、「生長の家」を興した谷口雅春氏がその人であり、「宇宙荘厳の歌」の中にその強い思いが謳《うた》われている。その歌詞に触れながら、筆を進めていくことにしよう。

宇宙荘厳の歌

一、荘厳きわまりなき自然
悠久きわまりなき宇宙
立ちて仰げばあおぞらに
銀河ながれて星無限

二、かみの叡智はきわみなし
かみのちからは限なし
星と星との空間を
ひく糸もなくひく不思議

三、不可思議不可知科学者も
なにゆえ万有引力が
あるかをしらずただ神秘

万有むすぶは神のあい

四、ああかみの愛かみの愛
宇宙にみちて万有を
むすびあわせて荘厳の
宇宙いまここけんげんす

五、もし愛なくば荘厳の
宇宙げんぜず美しき
人と人とのむつまじき
むすびの世界あらわれず

六、われらいのちの本源を
神にみいだし神の子の
愛のいのちを生きんかな
神のいのちを生きんかな

この歌詞はまさにニュートンの思いを謳ったものでありましょう。ニュートンは万有引力がまさに神の御業《みわざ》であると確信していました。そして、例えばデカルトの渦動仮説のような機械論的仮説によって、この万有引力の仕組みを説明することなど決してできないことを知っていたからこそ、ニュートンは「われ仮説をつくらず」と述べたのでした。「重力作用は現在では一般相対性理論という仮説によって説明できるようになっている」と多くの物理学者は主張しますが、それはまったくの虚偽です。一般相対性理論によって日月星辰《にちげつせいしん》の動きを説明できてなどいないのです。瞬時に伝わる万有引力で万物は繫がっており、すべての日月星辰は、いわゆる慣性の法則に従って等速直線運動をしているわけではなく、エネルギー保存の法則とまさにこの万有引力の働きによって絶対空間の中を巡《めぐ》っているのです。次に山口真由著『リベラルという病』の「おわりに」から引用します。

ニュートンの遺した有名な言葉に、「ニュートンの海」がある。

私という人間が世間の目にどう映っているかは知らないが、自分では海辺で遊ぶ子どものようなものだとしか思えない。ときに普通よりなめらかな石ころや、きれいな貝殻を見つけたりして、それに気をとられているあいだにも、眼前には真理の大海が、発見されぬまま広がっているのだ。

（ジェイムズ・グリック『ニュートンの海』大貫昌子訳、日本放送出版協会刊より抜粋）

真実の大きな海の前で、人間がいかに小さな存在かを偉大な科学者が語る。この言葉には、大いなる自然に対する畏敬の念がある。大いなる自然に対する畏怖というのは、我々日本人には慣れ親しんだ感覚なのではないかと思う。

そして、これが、アメリカのコンサバの発想の基礎にあるのではないかと思うのだ。逆に言えば、リベラルの基礎にあるのは、自然の征服である。

（中略）彼らは、理性を信じてやまない。その理性の力で、人間は自然をどこまでも耕作し、保護し、支配できると信じているのだ。

山口が指摘しているように、ニュートンは大いなる自然に対する畏敬の念を抱いていた、つまり汎神論者であったわけです。アメリカのコンサバつまりコンサバティブ（保守主義者）が汎神論者であるのかどうかはともかく、リベラルが理神論者であることは間違いありません。理神論者はニュートン力学を近似理論に過ぎないと貶《おとし》めることによって、「この世界が汎神論の世界である（つまり〝神即《すなわち》自然〟）」という事実を否定できると思っているのです。理神論者であるリベラルは、汎神論を決して受け入れません。なぜならそれが自己否定につながることを恐れているからです。

9 おわりに

本書冒頭の〈1 はじめに〉で、いきなり〝「リベラル」の正体〟を明かしましたが、では陰謀を企《たくら》む「ユダヤ主義者」の手先となって、汎神論を否定し理神論（無神論や唯物論）を熱心に布教する彼ら「リベラル」に対して、私たちは一体どのように処《しょ》すれば良いのでしょうか。本書の中にいくつかのヒントを載せておきましたが、最後に対処法を少し整理しておきましょう。まず左翼・リベラル系のマスコミの報道、学者や識者の意見そして書籍の内容には注意して、フェイクニュース、フェイク理論、フェイク学説に騙《だま》されることがないようにしましょう。ほとんどの報道機関や学界を金の力で支配下に置いてきた「ユダヤ主義」の国際金融勢力にとっては、フェイクニュースやフェイク理論、フェイク学説を流布させ、また「報道しない自由」や「教科書に載せない自由」を行使することによって、彼らにとって都合の悪い真実や真理を隠蔽《いんぺい》することなど容易《たやす》いことでした。そのために私たち日本人を含めて世界中のほとんどの人々が洗脳されてしまっていたのです。しかしここに来て、日本の庶民や識者、学者の中に、そして日本とかかわりをもった外国人の中に、世界では情報操作が横行しているという事実に気づく人々が次第に増えつつあります。それは、何よりもインターネットの普及によって、ネットを通じて真実の情報を容易に得られるようになったおかげでしょう。さらには、遠隔作用や共時性そして死後の世界のような目には見えない事象の存在を確信し、そのことを著書を通じて発信する科学者、医者そして心理療法家などが増えてきたことにもよります。そして日本ばかりではなく、アメリカでトランプ氏が大統領に選ばれ、ロシアでプーチン氏が支持され、英国ではメイ首相が選ばれるというように、世界的に左翼・リベラル勢力や、グローバリストあるいは国際主義者の勢力にもいよいよ翳《かげ》りが見えてきました。

また物理学の分野では、目に見えない存在がこの宇宙の大部分（95％）を占めることがあきらかになり、また特殊相対性理論の化けの皮が剝がれてきて、絶対空間や絶対時間の存在をこれ以上否定し通すことは困難となっています。そして万有引力や量子もつれといった、瞬時に働く遠隔作用によって全ての存在は結びついており、宇宙は一つの統一体とみなさなければならないことが多くの人々に理解されるようになってきました。またすべての歴史資料は、他国を侵略して植民地支配をしたのは白人西欧列強の方であり、日本はそれらの植民地を解放するために戦ったことを示しています。これらの真実を知るだけで、それまでの洗脳が解けて汎神論に目が開くようになるのです。汎神論に目覚めれば、人生の本当の目的が魂の成長にあることに気づくようになります。また「おかげさま」「おたがいさま」で生きることの幸せを実感するようになるので、ますます多くの人々が汎神論に目覚めることによって、近いうちに愛に満ちた平和な世界が実現するのではないでしょうか。

「世界に神はおらず、死んだら終わり」とするような、理神論による洗脳が解けた暁には、「ユダヤ」の陰謀に嵌《は》められていた状態から、人々はいっきに目覚めることになります。そしてその時世界の多くの人々は、死後の世界の存在を確信するようになり、先に紹介した「宇宙荘厳の歌」の歌詞にあるように、「われら、いのちの本源を神にみいだし、神の子の愛のいのちを生きんかな、神のいのちを生きんかな」というふうに生きるようになって、世界は新時代へと入っていくのです。

引用文献

デヴィッド・リンドリー『量子力学の奇妙なところが思ったほど奇妙でないわけ』松浦俊輔訳　青土社
リー・スモーリン『迷走する物理学』松浦俊輔訳　ランダムハウス講談社
エルヴィン・シュレーディンガー『シュレーディンガー　わが世界観【自伝】』橋本芳契監修、中村量空／早川博信／橋本契訳　共立出版
岸根卓郎『量子論から解き明かす「心の世界」と「あの世」』PHP研究所
田中英道『日本人にリベラリズムは必要ない。』ベストセラーズ
山口真由「日米『リベラル』の迷走」月刊『正論』２０１7年12月号
最新科学論シリーズ26『世界を変えた科学10大理論』学研
馬渕睦夫『リベラルの自滅』ベストセラーズ
デイヴィッド・ロックフェラー『ロックフェラー回顧録』楡井浩一訳　新潮社
小川榮太郎『徹底検証「森友・加計事件」　朝日新聞による戦後最大級の報道犯罪』飛鳥新社
櫻井よしこ「『言論の矜持』はいずこへ」月刊『Hanada』２０１8年4月号
小川榮太郎「朝日新聞の自殺」月刊『Hanada』２０１8年4月号
石部勝彦「東京裁判史観信仰の『大司教』歴史学界を砲撃せよ」月刊『正論』２０１4年2月号

安濃豊『大東亜戦争の開戦目的は植民地解放だった　帝国政府声明の発掘』展転社
ヘンリー・S・ストークス／植田剛彦『日本が果たした人類史に輝く大革命』自由社
太田龍『ユダヤの日本侵略450年の秘密』日本文芸社
髙山正之／渡部昇一「日本国憲法は〝敗戦条約〟だ」月刊『Hanada』2017年7月号
ヒレア・ベロック『ユダヤ人　なぜ、摩擦が生まれるのか』渡部昇一監修　中山理訳　祥伝社
野口武則「天皇の即位儀式　共産『見直しを』」『毎日新聞』2018年3月23日朝刊
八切止夫『信長殺し、光秀ではない』作品社
山石太郎『フリーメーソンは世界を救う』たま出版
保江邦夫『ついに、愛の宇宙方程式が解けました』徳間書店
山口真由『リベラルという病』新潮新書
ジェイムズ・グリック『ニュートンの海　万物の真理を求めて』大貫昌子訳　日本放送出版協会

革島　定雄（かわしま　さだお）

1949年大阪生まれ。医師。京都の洛星中高等学校に学ぶ。1974年京都大学医学部を卒業し第一外科学教室に入局。1984年同大学院博士課程単位取得。1988年革島病院副院長となり現在に至る。

【著書】
『素人だからこそ解る「相対論」の間違い「集合論」の間違い』（東京図書出版）
『理神論の終焉 ──「エントロピー」のまぼろし』（東京図書出版）
『汎神論が世界を救う ── 近代を超えて』（東京図書出版）
『死後の世界は存在する』（東京図書出版）
『重力波捏造　理神論最後のあがき』（東京図書出版）
『世界は神秘に満ちている ── だが社会は欺瞞に満ちている』（東京図書出版）
『西洋近代思想の呪縛を解く ──「戦後レジーム」からの脱却を』（東京図書出版）

「リベラル」の正体

——誤りを修正するのは学者の務め

2018年6月26日　初版第1刷発行

著　者　革 島 定 雄

発行者　中 田 典 昭

発行所　東京図書出版

発売元　株式会社 リフレ出版

〒113-0021　東京都文京区本駒込 3-10-4

電話 (03)3823-9171　FAX 0120-41-8080

印　刷　株式会社 ブレイン

ISBN978-4-86641-156-9 C0040

Printed in Japan 2018

落丁・乱丁はお取替えいたします。

ご意見、ご感想をお寄せ下さい。

［宛先］〒113-0021　東京都文京区本駒込 3-10-4

東京図書出版